自然探秘系列

可怕的科学
HORRIBLE SCIENCE

发威的火山
VIOLENT VOLCANOES

〔英〕阿尼塔·加纳利 原著 〔英〕迈克·菲利普斯 〔英〕马丁·阿斯顿 绘 吕建成 译

北京出版集团
北京少年儿童出版社

著作权合同登记号

图字:01-2009-4231

Text copyright © Anita Ganeri

Illustrations copyright © Mike phillips

Cover illustration © Mike Phillips，2008

Cover illustration reproduced by permission of Scholastic Ltd.

图书在版编目（CIP）数据

发威的火山 /（英）加纳利（Ganeri，A.）原著；
（英）菲利普斯（Phillips，M.），（英）阿斯顿
（Aston，M.）绘；吕建成译. —2 版. —北京：北京
少年儿童出版社，2010.1（2024.7重印）
（可怕的科学·自然探秘系列）
ISBN 978-7-5301-2349-2

Ⅰ.①发…　Ⅱ.①加…　②菲…　③阿…　④吕…　Ⅲ.①火
山—少年读物　Ⅳ.①P317-49

中国版本图书馆 CIP 数据核字（2009）第 181515 号

可怕的科学·自然探秘系列

发威的火山

FAWEI DE HUOSHAN

［英］阿尼塔·加纳利　原著

［英］迈克·菲利普斯　　［英］马丁·阿斯顿　绘

吕建成　译

*

北 京 出 版 集 团
北京少年儿童出版社　出版
（北京北三环中路6号）
邮政编码:100120
网　　址：www．bph．com．cn
北京少年儿童出版社发行
新 华 书 店 经 销
河北宝昌佳彩印刷有限公司印刷

*

787 毫米×1092 毫米　　16 开本　　8 印张　　50 千字
2010 年 1 月第 2 版　　2024 年 7 月第 49 次印刷
ISBN 978-7-5301-2349-2/N·137
定价：22.00 元
如有印装质量问题，由本社负责调换
质量监督电话：010-58572171

目 录

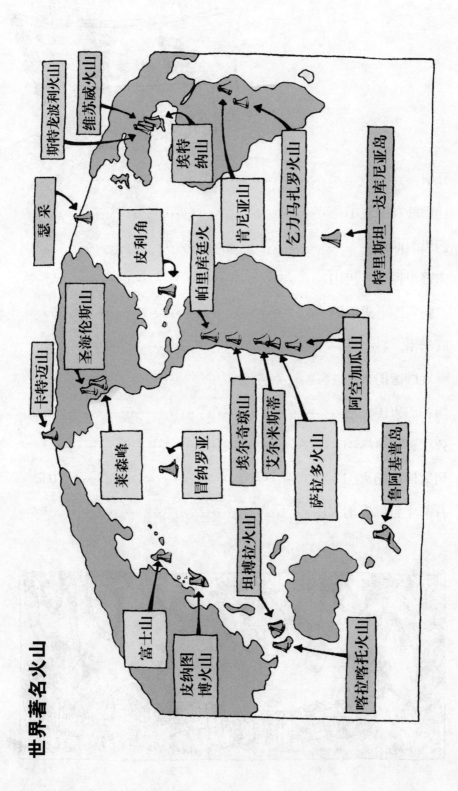

世界著名火山

斯特龙波利火山
维苏威火山
埃特纳山
惡釆
皮利角
帕里库廷火山
肯尼亚山
乞力马扎罗火山
特里斯坦—达库尼亚岛
圣海伦斯山
卡特迈山
莱森峰
冒纳罗亚
埃尔奇琼山
阿空加瓜山
艾尔米斯蒂
萨拉多火山
鲁阿普普岛
坦博拉火山
富士山
皮纳图博火山
喀拉喀托火山

介绍

地理学简直太无聊了。谁想要了解那些烦人的旧地图和古老的岩石？谁会整天去想农民的地里能种些什么呢？

别忘了地理课作业。

我永远也不会带着这些东西上公共汽车。

其实，地理学中最让人厌烦的内容，正是它最有意思的地方。可惜老师却不讲这些。我们先来做一个简单的实验。就这样，在原地蹦几下。

看样子，他在做火山的实验。

哎呀，要爆发啦！

我们生活的地表很硬，就像你觉得很无聊的那些岩石，但岩石下面却很热，聚集着炽热的岩浆和可怕的气体。它们就在你的脚下不停地翻滚，直到有一天，再也忍受不住坚硬的地面给它们的压力，"嘭"的一声喷出了地表，这就是火山爆发了。你也许在地理老师身上看到过类似的事情，不过没有火山爆发那么可怕。

这就是本书要讲的内容。火山

1

喷发时，火光冲天，异常猛烈，比核弹的威力还要大，比最热最热的炉子还热，比你小弟弟的脾气还要大得多。如果你亲眼看到火山喷发，肯定不会觉得火山无聊了。因为当火山猛烈喷发时，你能够：

▶ 看着火山喷发（当然要站远一些才安全）。

▶ 弄明白为什么火山有一种臭鸡蛋味。
▶ 学会观察活火山。
▶ 训练自己做一名小小的火山学家。

如果以上几点你都没学会，你还可以找个聪明人学一学，如何防止那可怕的岩浆伤着你。

这才是真正的地理学，惊险！刺激！

肆虐喷发的火山

山口裂开的那一天

1980年5月18日，晴空万里，阳光普照着美国华盛顿州的喀斯喀特山。然而，几个月以来，圣海伦斯山顶一直被一种可怕的隆隆声震得摇动着。一次又一次的小型爆发，留下了大量的烟灰，使往日美丽的冰山顶，变得像黑色的披风一样难看。几个星期以来，科学家们一直密切注视着火山南侧渐渐鼓起来的一个"不祥"的凸起，看样子，地球深层的岩浆正在向上运动，准备冲出地表。

"不祥"的
凸起

在科学家们观测的这段时间里，这个凸起一直在不断地长大，说明山体下面的岩浆和气体的压力还在不断地增加。这样下去，这个凸起总有一天会崩裂的。圣海伦斯山是一座休眠火山，这个巨人已经沉睡了123年了，现在活着的人没有一个见过它喷发。曾有观测者认为，这座美丽的火山再度变成一个肆无忌惮的杀人狂几乎是不可能的。可是今天，就在此刻，它又骚动起来，不可能的事情发生了……

　　两名科学家亲眼目睹了这件可怕的事。那天上午8点32分，他们乘飞机从圣海伦斯山上飞过，快到山顶时，一切都还很平静。忽然，山剧烈地摇动起来，山上的岩石和冰块以惊人的速度向山下滚去。几秒钟后，整个北山坡已经坍塌。紧接着，更可怕的事情发生了。山顶滑坡后，曾压在山上的巨大压力减轻了。猛然间，山上那个凸起"轰隆隆"地像个炸弹一样炸开了，一股浓密的、灼热的黑色烟云，卷着灼热的气体、烟灰和岩石，冲上天空，喷射的高度达几千米。圣海伦斯山的山顶被彻底毁坏了。

　　烟云继续向东、北、西方向扩散，速度差不多与这两位科学家所乘坐的小飞机一样快。两位科学家立刻向南飞去，在他们的身后，天空黑得如夜晚一般。如果向其他方向飞就是死路一条，可怕的黑云马上就会把他们吞食掉。很快，他们就进入了安全区。

　　接下来的9个小时里，圣海伦斯山一直在喷发，伴着几千米长的闪电，浓密的烟灰降落下来，就像天上下起了黑雨，所有在场的人都像看到了地狱一样。到了夜晚，猛烈的喷发停止了，但是轻微的喷发又持续了4天才安静下来。

　　一周以后，又出现了一次大型的喷发和几次小型的喷发，到这时，人们已经可以看出：火山的力量基本上已经耗尽了。圣海伦斯山的山顶被爆炸削平了，一切都完全不同了。

圣海伦斯山的十大惊人事实:

1. 1980年以前,圣海伦斯山的高度为2950米。1980年火山喷发时,炸掉了400米的山顶,炸掉的山顶沿山坡滚下,形成了8000吨的岩石,这块岩石真是够大的!

2. 圣海伦斯山下,曾经是国家公园,人们常在这里垂钓、散步或宿营。然而就在5月18日,仅仅5到10分钟的时间,一切就都改变了:茂密的绿色森林和清澈见底的湖水不见了,变成了由灰色烟灰组成的沙漠。

灼热的烟云夹杂着灼热的气体、烟灰和岩石,威力无比,所到之处都被夷为平地,方圆8千米内的大树都被连根拔起,卷到高空。飞行员回忆起当时的情况时说:

毫无疑问，烟云的温度高得吓人（大概有100℃～300℃），热得可以把树里的汁液烧开，哇！太惊险了！

3. 灼热的烟云融化了山顶的冰河。烟灰和融化的冰顺坡而下，滚滚的泥浆流入了图特尔河，冲走了很多的人、房舍、桥梁和宿营用的木料。还有很多的泥浆流进哥伦比亚河，使河水浅得已经不能行船了，人们不得不关闭港口。河水变得很热，鱼都热得跳出了水面。

4. 大部分坍方泥流都流进了图特尔河，流速达每小时100～200千米。这个速度可以说是滑坡的最高纪录。另有一部分可怕的坍方泥流带着大量的岩石和冰块，流进了附近的斯皮里特湖，掀起了200米的大浪，大概有10层楼那么高。

5. 由烟灰、尘埃和气体组成的炽热云团升到19千米高的高空。

喷发后两天，云团到达纽约的上空，两周后，绕地球转了一周。烟灰像雪片一样落到火山附近的城市和田野，150千米以外的亚基马城的下水道被烟灰堵塞了，飞机场和道路都关闭了，500千米以内的地区由白昼变成了黑夜。

6. 圣海伦斯山在两个月以前，就已经有了很多要喷发的预兆：它先是发出隆隆的响声，接着发生了1500多起小型的地震，地震使山峰上的冰河裂开，人们可以经常看见蒸汽和烟灰从山顶上喷出。同时，山坡上的凸起以每天2米的速度增高。所有这些迹象都表明火山要喷发了。可是，当火山真的喷发时，它爆发的速度之快、力量之大，依然让人震惊。

7. 在火山大喷发之前，很多火山爱好者都来这里观看奇观。那时，这里遍地都是卖纪念品的摊位，摊上有印着圣海伦斯山图案的T恤衫、杯子、张贴画，也有烟灰纪念品。3月31日那天，还有一群人乘坐直升机飞过山顶，拍了一个啤酒广告！今天，你还可以买到用那天的烟灰做成的圣诞树玻璃饰品。

8. 科学家们为了保护周围居民的安全，将这座山周围8千米以内的地区设为"红色警戒区"。但由于警戒执行得不好，火山喷发当天死亡的57人中，只有3人属于警戒区外死亡。死者中有宿营者、观光者，还有科学家。有一位科学家当时在9千米以外的一个山脊后面观测火山，被突如其来的炽热云团吞没，窒息而死。万幸的是，火山喷发发生在星期日的早晨，因为这时人很少，死亡人数还是比较少的。

9. 人们很难相信，虽然圣海伦斯火山的爆发异常猛烈，但是声音相对很小，由于爆发非常迅速，声音被迅速传到了远方。

10. 圣海伦斯火山爆发后，原来美丽的冰峰变成了马鞍状的火山口。但是今天，火山口内一个新的圆丘正在悄然升起，已经达到80层楼的高度，将来总有一天，它会填平这个火山口。它下次将在何时喷发呢？

崭新的圆丘

　　如果和地球上所有喷发过的火山比较一下，我们就会发现圣海伦斯火山喷发的威力根本不算大。在美国的黄石公园，一次喷发的威力就比圣海伦斯火山的这次喷发强4倍：岩石和烟灰落下后，覆盖了1/3的美国，不过因为它是大约200万年前发生的，所以你会觉得这事没什么了不起。

灼热的地方

那么，当人们看到火从一个山顶喷发出来时，是谁给它起了"火山（Volcano）"这个名字呢？全世界解释火山起因的故事千奇百怪，这里我们介绍古罗马一个性格暴躁的火神——伏尔甘（Vulcan）……

传说中的伏尔甘是一个铁匠，住在一个叫伏尔甘诺的岛上，岛内有一座有地火的山，伏尔甘住在那里，专门为战神铸造各种兵器。

伏尔甘简直就像疯子一样，他的行为带来了熊熊烈焰，火光冲天，响声震地。

他为大力神铸造铠甲……

他还为丘比特神制作霹雳和闪电……

怎么搞的，这些霹雳听起来怎么像铃铛的声音。

然而，伏尔甘所做的可不止这些，他常常无缘无故地抓住一些村民，用烈火、闪电、熔岩和炸弹吓唬他们。

早知道这样，我就老老实实地待在被窝里好了！

你看，伏尔甘（Vulcan）和火山（Volcano）这两个词是不是很像？但是这两个词哪一个出现得更早一些呢？谁也说不清楚，但是这个名字的确有些拗口。

火山喷发到底是由什么引起的?

如果让一个人想象一下火山的样子，他很可能会想象出一个漂亮的山顶，上面飘出袅袅的烟雾。但事实上，火山可不都是这样的，而是千差万别的：有的火山喷射火焰；有的喷出由蒸气和烟灰组成的云雾；有的火山随着一声巨响，一下子喷发出来；有的则伴着轻柔的嘶嘶声，慢慢地喷发出来；有的火山是平的，有的是山形的；有的在陆地上，有的位于海面下。

但是我们可以说，所有火山的喷发都是源于地下炽热的岩浆。当炽热的岩浆穿过地表的裂缝冲出来时，你就碰到火山爆发了！

火山到底是怎样喷发的？

地球看起来像一块坚硬的大石头，摸起来也硬硬的，而且地球上很多地方的确都是坚硬的岩石。那么火山是怎么喷发的呢？如果给你一个地球（一个完好的地球），然后切去一大块，深入研究一下，你就会发现，地球有很多层，像一个很大很大的——对了！真像个大洋葱。

11

其实，这些分层你是看不到的，就连你的地理老师也没见过，但这些插图可以让你了解一些地球内部的情况。

地球：一个内部的故事

第一层：地壳

地壳是地球的最外层，就是你刚才蹦跳的时候脚踩到的地方，就像一层面包皮。不过它可没有面包皮那么光滑，上面不但有坚硬的岩石，表面还覆盖着泥土、草地，还有一群牛，你可以说出一堆名字。在海底，地壳都被海水覆盖着，而且非常薄（这是从地理学的角度来说的），因为陆地上的地壳厚度平均有40千米，而海底地壳的厚度平均只有6～10千米。不过，你不用担心，地壳很硬，你不会掉下去的。

第二层：地幔

地壳的下一层叫地幔。地幔的温度太高了，里面的岩石已经变成了液态的，叫岩浆。岩浆又浓又稠，像胶水、蜂蜜或者一锅炖菜。你可以想一想，开水的温度是100℃，锅炉的内部温度也只不过是250℃，而地幔的温度可达1980℃。地幔的厚度为2900千米。

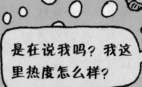

是在说我吗？我这里热度怎么样？

它要到地球中心去旅行。

他们找得着路吗？

第三层：外核

　　地幔的下一层叫外核，约有2200千米，和大多数的液态金属（如铁和镍等）一样的灼热。

第四层：内核

　　地球的中心叫内核，很像苹果核，但里面比苹果核热得多。人们对这里的认识还很少，只知道它是一个坚硬的固态的球体，因为上面的压力极大，主要由铁和镍一类的金属组成，厚度有2500千米。温度高达4500℃。

裂开

现在我们再来看看地壳。地壳很脆，不过不是由一块完整的岩石组成的，而是裂成7个大块和12个小块，科学家把它们叫作板块（plate）。这些板块和你在学校盛饭的盘子（plate）可大不一样，它很像铺得不太好的石板路，不过这些板块要大得多，而且都漂浮在由岩浆组成的地幔上。它的形成过程是这样的：

4 上浮的岩浆和下降的岩浆形成了涡流（也叫作涌流），涡流使熔岩不停地运动，这样，地壳上的板块就可以一直漂浮在上面了。但是，涡流也造成了板块之间互相的推挤和牵拉。

3 当岩浆接近地表时，逐渐变冷、变重，又沉了下去。

地壳

岩浆

2 随着升温，岩浆变轻，浮了起来。

地幔

1 地核太热了，把岩浆烤得越来越热。

外核

内核

可怕的是地壳上的这些板块不是静止不动的，它们在慢慢地移动着，叫大陆漂移。

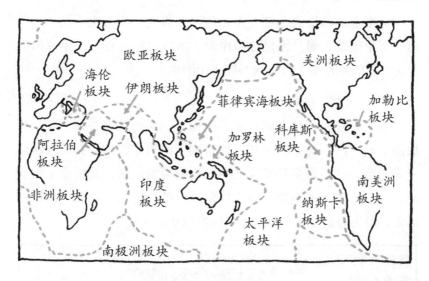

危险区

在通常情况下，我们无法察觉到大陆板块的漂移。但是这些板块在漂移中会互相碰撞挤压，有的板块受压过多，板块上的地壳变得越来越脆弱，有些甚至破裂，就成为火山的发源地。地球上有两个地方特别容易变得脆弱和不稳定。

1. 平整的海底

有的板块不是相撞，而是朝相反的方向牵拉，直到"咔嚓"一声，岩石裂开，熔岩从里面喷发出来。但熔岩马上遇到冰冷的海水，就形成了很多的海底火山。

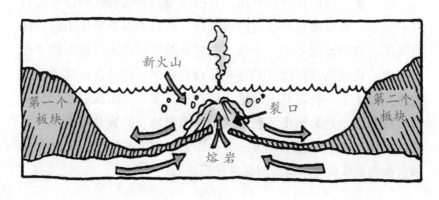

大多数的海底火山都在很深的海底喷发，岩浆也不是"轰"地一下子爆发，而是慢慢地喷出来，所以，除非你是一条深海的游鱼，否则你根本无法看到海底火山的喷发。

2. 受挤压的板块

有的时候，板块之间发生了碰撞，一个板块被挤到另一个板块的下面，滑入地球的深部，被挤到下面的那部分岩石被逐渐融化为岩浆，这些岩浆从板块之间的裂缝喷发出来，就形成了地表的火山。这类火山多位于海岸线附近，喷发起来比海底火山剧烈得多，因为海底板块常常被挤到陆地板块的下面。

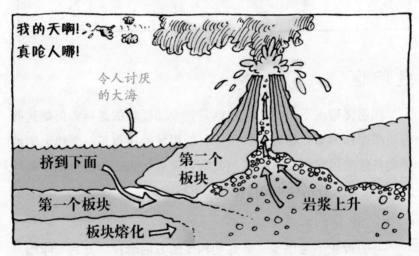

热点

第三类火山叫作热点火山，它的喷发与大陆板块的漂移没有任何关系。如果你想观测到热点火山，就得先看看板块中间，你会发现岩浆把地壳冲出一个洞，岩浆从洞里冒出来，就形成了热点火山。这些热点可能已经存在几百万年了，但是板块移动把这些热点盖上了。在岩浆上升这个过程中，老的火山死亡了，但又形成新洞，于是又出现了新的火山。慢慢地，的确是慢慢地，好几百万年过去了，便形成了一条火山链。在太平洋上，充满着异国情调的夏威夷火山群岛就是这样形成的。

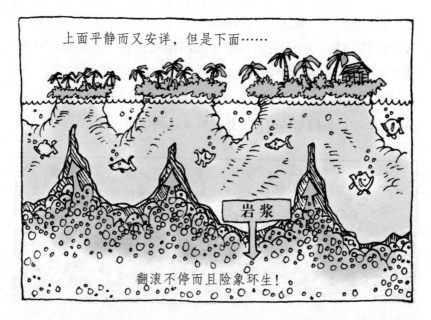

上面平静而又安详，但是下面……

岩浆

翻滚不停而且险象环生！

惊人的事实

如果你对地球上的火山还感到不过瘾，那么可以到外星去看看火山。这些火山大都死亡很多年了，但还没有死透。据保守估计，金星上至少曾经有1728个活火山，比地球上刚好多228个，但要比木卫一（木星的卫星）上的火山多得多。它们常常喷云吐雾，吐出的是恶臭的硫黄气体，升腾到高空达300千米。能吐这样远，在一般人的眼里，可不是一件容易的事情。

睡美人

当火山没有喷发的时候，看上去就像一个睡美人。不过，你可千万不要上当，因为火山的性子说变就变。对于火山，你首先要记住的就是不能相信它，一丝一毫也不能。

一般说来，火山活动分三个阶段，当然有时不一定按顺序发生，下面我们一起看这三个阶段：

1. 活动期：指火山正在喷发或刚刚喷发过。活动期的火山表现也不同，有的喷发起来很剧烈，有的喷发起来慢悠悠的。不过，你不要紧张，英国最后一个活动的火山已经在5000万年前就停止了活动，你的老师也记不住这样久远的事情。

2. 休眠期：休眠就是睡觉的意思。有些火山现在没有喷发，但很可能将来有一天会喷发，所以这样的火山还是很危险的。休眠火山可能会连续睡上几周、几个月甚至几个世纪，然后突然喷发。总的说来，火山打盹的时间越长，爆发起来的声响就会越大。

3. 熄灭期：如果火山不再喷发，而且不再有可能喷发，我们就说这座火山进入了熄灭期，变成死火山。也许你以为这样的火山就没有危险了，其实不然。虽然火山已经死了，但是还可能有危险。例如位于南大西洋的特里斯坦—达库尼亚岛，就是一个已经熄灭了很多年的火山岛。但是1961年10月的一天，特里斯坦—达库尼亚岛突然喷发起来，岛上280名居民赶紧乘上小船逃命，这一逃就是两年，两年之后，居民们才敢返回家园。

拿这些火山知识考考你的老师

地球上有多少火山？最大的火山有多大？火山最容易在哪里喷发？你可以通过如下的连珠炮一样的测试题，考考老师的知识。

1. 地球上有1500个火山。

对 / 错

2. 大多数火山都在海底喷发。

对 / 错

3. 特里斯坦—达库尼亚岛是地球上活动最剧烈的火山。

对 / 错

4. 地球上最大的活火山是珠穆朗玛峰。

对 / 错

5. 已知太阳系中的最大火山是火星上的奥林匹斯山。

对 / 错

6. 1980年圣海伦斯山的喷发是有史以来最可怕的一次。

对 / 错

7. 1883年印度尼西亚的喀拉喀托火山爆发时发出的声音最大。

对 / 错

8. 火山的爆发与原子弹同样剧烈，释放出同样的能量。

对 / 错

9. 如果你想目睹火山，应去印度尼西亚，那是地球上火山喷发最剧烈的地区。

对 / 错

10. 所有的火山都有几百万年的历史。

对 / 错

答案

1. 对。每年约有50个火山爆发，其中一大半集中在太平洋的周围，因为这里的海底板块常常挤入陆地板块下面，于是形成了所谓的"火环（Ring of Fire）"。

2. 对。地球上约有1/3的活火山在陆地上喷发，其他都藏在海底，另外海底还有100多万个休眠或熄灭的火山，有时海底火山长得非常高，山顶超出水面，就形成了岛屿。

3. 错。夏威夷的斯拉韦厄要比它更加活跃，从1983年起一直喷发到现在，共形成了几个火山口。1983年开始喷发的火山口叫作"普普—欧欧"。火山开始喷发以来，夏威夷的土地面积又增加了1.5平方千米，相当于140个足球场。

4. 错。纪录保持者是冒纳罗亚火山，位于夏威夷，海拔约为4170米，可以称得上是一个不小的岛。珠穆朗玛峰的高度虽有8844米，可它却不是火山。

5. 对。奥林匹斯山高度为27千米，比冒纳罗亚火山高三倍（参见上述内容），它的直径为650千米，山顶的火山口有一个城市那么大。这个巨大的火山最后一次爆发离我们约有2亿年的时间了，现在它已经熄灭了。对于"火星人"来说，这可是一件幸运的事。

晚饭只能推迟，火山马上就要爆发了。

6. 错。最近爆发的火山中，最剧烈的一次是1815年印度尼西亚的坦博拉火山，喷出的火山灰达100立方千米，岛屿下降了1千米，有92 000人丧生。这个火山爆发的剧烈程度比圣海伦斯山强100倍。

7. 对。听到响声的人回忆说，那声音就像低沉的炮声。声响传到了澳大利亚，传播的距离达4800千米。震动甚至传到了145 000千米以外的美国加利福尼亚州。晚饭只能推迟，火山马上就要爆发了。

8. 错。1980年圣海伦斯山释放出的能量相当于2500颗原子弹，可不是一颗原子弹，能量相当大。

9. 对。相对来说，印度尼西亚的火山很多，共有125个。这是因为它位于火环（Ring of Fire）之内，而且刚好位于几个板块的边缘。火山数量排在第二位的是日本，第三位的是美国。

10. 错。有的火山的确非常老（火山100万岁时还只是青年），但也有一些比较年轻的火山。陆地上最年轻的火山就是墨西哥的帕里库廷火山，该火山于1943年爆发过。对于火山来说，帕里库廷火山只是一个刚刚出生的小孩。说来也很有意思，在帕里库廷火山出生那一天，刚好有一个墨西哥的农民在场。有的事情可是很稀奇的，咱们一起去看一看——

田野里长出了火山

1943年2月20日清晨，在墨西哥一个叫帕里库廷的村子里，一位叫迪欧尼斯托·普利多的农民正在玉米田里耕地。

突然土地开始颤动，裂开了一条深沟。

深沟周围的土地开始上升并向四周扩展，从深沟中喷出了咝咝作响的云雾……

啊，不好了！

农民听到一阵雷鸣一样的声音，脚下的土地热了起来。

……烟、火焰、烟灰和气体。

这可把农民吓坏了，他赶紧骑上马逃命。

马儿啊，再快点儿！

那天晚上

深沟越来越大，红色的岩石、烟灰喷向空中，天空中火光闪闪，地面不停地颤动。

第二天

火山整晚不停地喷发，火山锥一下子长到了50米高，而且还在一刻不停地长着……

一个星期后

火山还在剧烈地喷发着，火山锥已经长到150米，向天空抛出团团火球。眼看整个村庄就要被岩浆毁灭了，农民普利多赶紧收拾行李。

又过了8个月

帕里库廷火山的火山锥已经长到了270米，可真是名副其实的——"魔鬼"，后来它的周围又出现了很多小的"魔鬼"。

9 年零42天以后——

帕里库廷火山不再喷发了，它的停止与开始一样，毫无迹象。现在它的高度是450米。它的火山灰吞噬了好几个村庄，几百间房舍和农田。

今天，在帕里库廷火山出生的地方，人们可以看见到处都是巨大而又黑黝黝的丘陵。人们又在安全的地方重建了村庄和家园。眼下，帕里库廷火山正在安静地睡着——可是能睡多久呢？谁也不敢说……

帕里库廷火山的诞生给地理学家提供了研究火山的第一手资料。虽然火山对我们来说仍然是一个不解之谜，很难推测它的未来，但人们还是要问：为什么会产生火山呢？

"嘭"的一声巨响

当你在地理课上偷偷打盹时，可以花一点儿时间想一想，地球是多么可怜。它被你踩在脚下，还要一刻不停地旋转，从来都没有休息过。正是因为它的这种活动导致了火山的爆发。可是这到底是怎样发生的呢？

地球上的火山是如何喷发的?

1. 地幔深处的岩浆里含有气体，这样，岩浆就比周围的岩石轻许多，轻的岩浆不断地上升，直至升到地幔的上部。

我们来做一个简单实验，你就可以"看到"岩浆是怎么上升的了：

你需要的东西：

▶ 两块软木塞（当作岩浆）
▶ 一瓶蜂蜜（当作岩石）

操作如下：

1）把软木塞按到蜂蜜里，直到全部浸入为止。

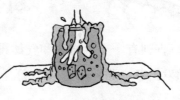

2）这时你会看到软木塞向上浮起，这和岩浆相似（当然是基本上相似）。

3）把蜂蜜涂到一块烤面包片上，把它吃掉（别忘了先把软木塞取出来）。

2. 岩浆渐渐升到地壳层，随着岩浆的上升，岩浆里的气体变成气泡冒出来，并发出咝咝的响声（像你摇动汽水一样）。

地壳（这是地球的壳，而不是面包的外皮）

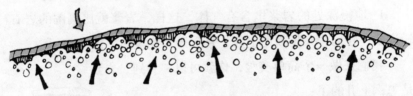

3. 越升越高……

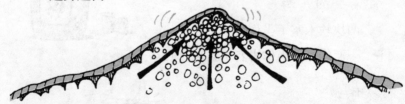

4. 直到有一天，岩浆和气体再往上升，在地壳上冲出一个裂缝，喷发出来。那样子，就好像打开易拉罐，所以你可千万要小心。

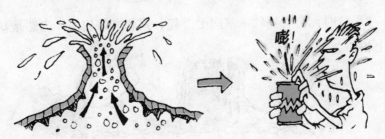

5. 岩浆冲出地表时，可能是一下子喷射出来，并伴有巨大的响声；也可能是慢慢地喷出来，形成火山锥，再流淌到田野。喷到地表的岩浆非常热，有些黏稠，不停地流动着，我们把它叫作熔岩。最后熔岩会冷却下来，变成冰冷的黑色岩石。

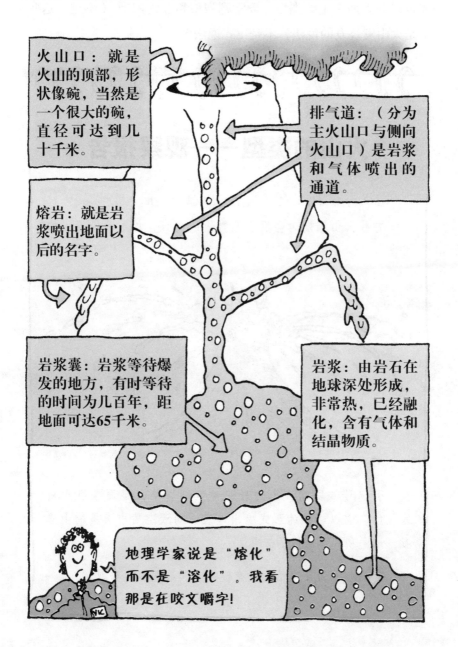

火山口：就是火山的顶部，形状像碗，当然是一个很大的碗，直径可达到几十千米。

排气道：（分为主火山口与侧向火山口）是岩浆和气体喷出的通道。

熔岩：就是岩浆喷出地面以后的名字。

岩浆囊：岩浆等待爆发的地方，有时等待的时间为几百年，距地面可达65千米。

岩浆：由岩石在地球深处形成，非常热，已经融化，含有气体和结晶物质。

地理学家说是"熔化"而不是"溶化"。我看那是在咬文嚼字！

各种形状与体积

不用说，并不是所有的火山都是这个样子。火山的形状与岩浆的浓度（浓稠或稀薄）、喷发的剧烈程度等因素有关。喷发一般可以分为两个主要类型：异常剧烈型和非剧烈型（不过，这些都是火山发烧友的说法，不是正式说法）。

火山的类型——观察报告

1）异常剧烈型（Incredibly Violent，简称为IV）

有些火山爆发时会发出非常大的响声，如圣海伦斯山的喷发。

引起异常剧烈火山的岩浆为浓稠岩浆，里面含有大量的气体。它以爆炸的形式喷出地表，向天空喷出滚烫的由岩石、烟灰和气体组成的云雾。

*结论：*为最可怕、最有破坏力和最危险的类型。

2）非剧烈型（*Not Very Violent*，简称为NVV）

如果岩浆稀薄，流动性也比较好，气体容易从里面冒出来，所以任何喷发都不会非常剧烈。

这种类型的熔岩从地下慢慢地喷出，流向远方，有时可以流淌到几千米以外。这些熔浆流淌过的地方，所有的东西都会被烧毁。当然还会形成神话般的焰火，向高空喷出光闪闪的熔岩泉。

结 论：为安静型。

当然，火山的类型不是一成不变的。有的火山诞生时属于某一种类型，熄灭时则变成了另一种类型。有的同时以两种方式喷发，真是不得了！

惊人的事实

所有的火山都不会没完没了地喷发，喷发后，火山也会休息一会儿。意大利的斯特龙波利火山大都以缓慢的方式喷发，在喷发的间隙，可以休息10～20分钟。当你读这份资料时，它很有可能又开始喷发了。墨西哥的埃尔奇丛火山休息的时间更长一些，可达1000年之久，这真有些令人不解。

火山观察者指南

你也许分不清什么是盾状火山，什么是锥状火山，也弄不明白岩浆是什么东西。好办！我来帮助你！只要你手中有这么一个简易的图解指南，就不成问题了。

A 名　称：盾状火山

形　状：低矮，宽阔，圆形顶

侧向火山口

熔岩慢慢地流下

岩浆

岩浆/熔岩等级：稀薄，流动性好，和热糖浆相似，流动速度快，硬化前可以流淌100千米。

喷发类型：NW

盾状火山是根据斗士的盾牌命名的。你能说出它跟盾牌有什么不同吗？盾状火山构成了地球上最大的山脉。火山上有许多侧向火山口。像奇拉维亚、冒纳罗亚和夏威夷风光宜人的3个火山岛都是著名的盾状火山。

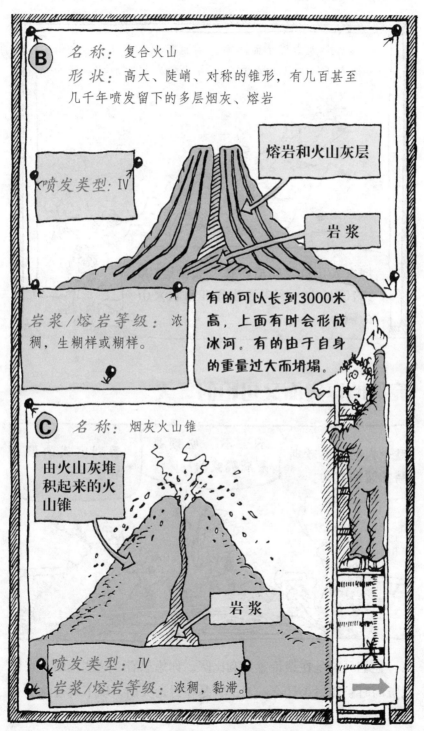

B 名 称：复合火山

形 状：高大、陡峭、对称的锥形，有几百甚至几千年喷发留下的多层烟灰、熔岩

熔岩和火山灰层

喷发类型：IV

岩浆

有的可以长到3000米高，上面有时会形成冰河。有的由于自身的重量过大而坍塌。

岩浆/熔岩等级：浓稠，生糊样或糊样。

C 名 称：烟灰火山锥

由火山灰堆积起来的火山锥

岩浆

喷发类型：IV

岩浆/熔岩等级：浓稠，黏滞。

形状：火山锥小而陡峭，上面有小火山口，由火山灰构成（即尘埃和烟灰）。每次喷发都增加一层新的火山灰。

烟灰火山锥常组成群体，数量达100或100以上，有时还出现在盾状火山的侧面。

庞贝城真实而又可怕的一天

我个人特别喜欢斯特龙波利式的。

不，不，必须是夏威夷式的。

普利尼式的最壮观。

他们可不是在谈论意大利比萨。你想想看，这些火山学家们吃饭的时候能讨论什么？对了，是在讨论火山，以下就是这些名字的来源。

▶ 斯特龙波利式这个词来源于意大利的斯特龙波利火山。

▶ 夏威夷式来自夏威夷火山。（有时常会造成错误的印象，冰岛的火山怎么能是夏威夷式的呢？）

▶ 普利尼式是以老普利尼的名字命名的，这个人是个贵族，而且是一个作家，特别喜爱地理学！他死于公元79年的维苏威火山喷发，这次火山喷发把整个庞贝城化为灰烬。

普利尼式的火山是最剧烈的一种，幸运的是老普利尼的侄子小普利尼当时18岁，目睹并得到了火山爆发的第一手材料（在安全范围内观察）。他在给一个朋友的信中描写了这个惊心动魄的场面。这是人类对于火山剧烈爆发的第一次直接描述。我们看一下大体的内容，下文是由意大利语翻译过来的。

亲爱的塔塞特斯：

很长时间没能给你写信，非常抱歉。谢谢你为我生日寄来的历史书。我刚好读完《罗马格斗初步指南》，接下来就读你寄来的书。自从收到你上次的来信后，一切都变得非常晦暗，我的意思是指维苏威火山爆发等方面的事情。你很可能在新闻中已经了解到一些情况，你可知道我和妈妈就在现场吗？

我们和普利尼叔叔一起住在展览馆，普利尼叔叔曾从对面的海港出过海。他刚任海军上将，我想，他的工作快要把他压垮了。

妈妈！

那天，刚好吃过

中饭，妈妈突然指着天空中一片巨大的黑云惊叫起来，我们从未见过这样的云朵。

普利尼叔叔！

普利尼叔叔正在晒着太阳打盹，我们赶快把他叫醒。可是他醒来后却马上穿上鞋子，冲上山顶想看得更清楚一些，我和妈妈紧跟在后面。云朵非常大，形状像一棵大松树，就是我家附近那种伞形的，不知你还记不记得。云朵污迹斑斑，像一块破布，刚好悬在维苏威火山的上空！普利尼叔叔显得非常着急，对我们说，出于对科学的兴趣，他应该亲自去看个究竟（如果火山真的爆发了，可不能把他落下）。

于是他叫来了一条船（如果你刚当上海军上将也会做到这一点），让船把他送到海港的对面，还问我是否和他一起去。"小普利尼，你会学到新东西的！"他说。可我说，我想在家里照顾妈妈（不是妈妈需要照顾，说来也奇怪，我不想走近火山）。

我叔叔刚要离开的时候收到了一封信，上面印有"加急"的字样。这封信是他朋友雷克蒂娜寄来的。她

住在维苏威山的山坡上，求我叔叔去救她，可是唯一的逃离办法就是使用船只。普利尼叔叔一直有很好的绅士风度，于是他改变了自己刚刚制订好的计划，命令军舰出海（这是将军的特权）。他要救出雷克蒂娜和所有其他可以找到的人。

唉！我们再也没有见到普利尼叔叔，后来我们听说，他命令船只直接驶进了危险区（他常常爱炫耀自己），而此时每个人都在逃跑。

然而，他刚到那里，浓稠的热火山灰就开始从天而降，接着巨大的浮石和岩石纷纷落了下来。很多人此时都会立即逃命，可普利尼叔叔非常热心于科学，开始做起科学观察记录（当然，他没能自己动笔记录，他要下很多命令，而且有书记员为他记录，干这种活的人多么希望自己不会写字）。

简而言之，想在雷克

蒂娜住的地方登陆是非常艰难的，他们只好在附近的斯塔比亚登陆，这里住着叔叔最好的朋友，庞庞尼安斯。雷克蒂娜逃了出来，这令我们都很放心。后来她来信说，听到普利尼死亡的消息非常遗憾（当然她也有责任）。

此时，维苏威火山像疯了一样喷发，大地也在颤动，像是到了世界末日。普利尼叔叔不能再待在庞庞尼安斯的房子里了。他们顶着枕头防止落石击伤，向海岸奔去，企图从海上逃离。

可大海已经是波浪滔天了，船只无法靠岸。这时普利尼叔叔肯定也非常恐惧，但他还是坚持下去（他不想让别人害怕）。他躺下来休息，并不停地向用人要水喝。很快，附近起火了，火越烧越近，他们已经闻到了焦灼的味道。

普利尼支持着站起身行走，但一步也走不动。他突然跌倒在地，不能呼吸，因为烟雾太浓了。

两天后，人们找到了普利尼叔叔的尸体。据找到尸体的人说，他很像一个熟睡的人，而不像已经死去两天的人。他死时是那样的安详，好像没有一

点儿痛苦。

　　妈妈听到普利尼叔叔死亡的消息表现得也很坚强，但妈妈很怀念他。虽然他活着的时候总会找出理由不理我，我也仍然很怀念他。至少，他死得很壮烈，其他的人也都死了。

　　听说过庞贝吗？上一周我们看到了庞贝，什么东西都没有剩下，只留下一片废墟。对不起，这封信的悲伤气味太浓了，请你早些到我们这里来做客。

你的普利尼

公元79年于意大利那不勒斯

5个关于庞贝的火烧火燎的事实

1. 公元1世纪，庞贝是意大利那不勒斯附近的一个很大、很富庶的罗马城市，住着2万多人。诗人弗罗拉斯把此城描写成……

世界上最美的地方！

2. 维苏威火山已经沉睡800年了，很多人认为它已经熄灭，没有人想到它突然醒来，有些人甚至根本就不知道它是一座火山。

3. 爆发发生在公元79年8月24日上午10点钟。在短短的几个小时内，庞贝被几米深的炽热火山灰和碎石覆盖了，看不到一点儿城市的痕迹。

4. 在这可怕的一天里共有2000人死亡，大都是死于窒息。死的人可真不少啊！有一支罗马格斗队死在一个小酒馆里。数以百计的人们陷在家中的废墟里，无法逃脱。当然更多的人得以逃生，未能逃生的人都困在两个大烟团和气体组成的气流之中，气流是沿着山坡无情地滚动下来的。当时的场面一定令人毛骨悚然。

5. 地理学家用普利尼（Pliny）这个词来描写与维苏威火山爆发相似的火山。它喷发时最大的特点是：夹杂着大量的碎石和烟灰的气流可以持续几个小时甚至几天。当这些东西最终从天上降落下来时，如同恶魔，如同令人窒息的暴风雪。

剧烈性和致死性

尽管维苏威火山有很强的破坏力和致命性，是十个最肆虐的火山之一，但是它还算不上是剧烈。从地理纪年的角度看（地理年要比正常年长很多很多，是不是因为这样的原因才使得地理课显得很长很长呢），维苏威火山没有那么可怕。为了准确地了解火山爆发的剧烈程度，科学家们设计了火山爆炸力指数（Volcanic Explosivity Index，简称VEI）来评估火山爆发的剧烈程度，该指数从0级（最轻）到8级（大灾难）。最大的一次爆发发生在1815年印度尼西亚的坦博拉火山。爆炸力指数达到7级（而圣海伦斯山的爆炸力指数仅为5级，真有些令人难以置信）。今天的人们还从未体验过8级的火山爆发。

查一查这页上的图表，你就可以找出7000年以来世界上10个爆发最剧烈的火山。以年代为序：

火山地点	日期	爆炸力指数
10. 美国俄勒冈，克雷特湖	公元前4895年	7
9. 日本，喜界	公元前4350年	7
8. 希腊，塞拉	公元前1390年	6
7. 新西兰，陶波	公元130年	7
6. 萨尔瓦多，伊洛潘戈	公元260年	6
5. 冰岛，厄赖法冰盖	公元1362年	6
4. 新几内亚，长岛	公元1660年	6
3. 印度尼西亚，坦博拉火山	公元1815年	7
2. 印度尼西亚，喀拉喀托火山	公元1883年	6
1. 美国阿拉斯加，诺亚拉普塔火山	公元1912年	6

惊人的事实

离我们最近的一次8级火山爆发发生在苏门答腊的多巴，时间在75 000年以前。这次爆发喷出的大量火山灰和气体进入大气层后，完全遮住了阳光，使气温骤降，地球进入了寒冷的火山冬季，持续了很多年。

请不必担心！真正称得上是剧烈爆发的火山要比小火山少得多，因为大火山要达到剧烈的爆炸程度，需要相当长的时间才能积聚起巨大的压力。

火山灰可怕程度的分级

另一个评估火山喷发剧烈程度的方法是测定喷出火山灰的多少。（现在提示你，这样做得花很多时间！）例如多巴这座老而无常的火山（VEI 达到8级时）可以喷出2800立方千米的火山灰，这要比圣海伦斯山大1000多倍，因为圣海伦斯山仅喷出2.5立方千米的火山灰。诺亚拉普塔火山是首屈一指的火山，连续87年保持第一（VEI6级），喷出21立方千米的火山灰，相当于8个圣海伦斯山。而1立方千米的火山灰就可以填满100个奥林匹克游泳池，你可以想象一下，这些火山灰的数量到底有多少。

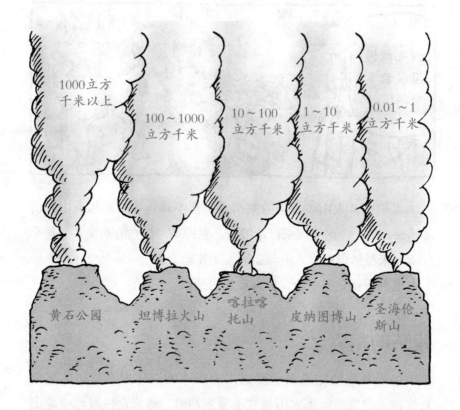

除了火山灰以外，在火山火红的胸膛中，还翻滚着许多你无法猜测到的其他的可怕东西。

　　火山最可怕的不是它肚子里的东西怎么翻腾，而是它吐出的东西。火山都能吐出什么东西？除了熔岩以外，火山还能吐出很多别的东西。比如，像小汽车那么大的炽热的岩石、黑色的泥石流、呛人的火山灰和尘埃，甚至还会有鱼，对了，就是鱼!

　　人们把从火山喷出来的东西（当然不算鱼）统称作火山碎屑（pyroclast），这个词来自希腊语，意思是"炽热的小块"。这个词听起来虽然很可爱，但却能置人于死地。

　　遇到下面这些危险，你肯定想避开：

欢腾的熔岩

　　熔岩是从地球里面喷发出来的炽热的液体岩石（在此之前它被称做岩浆）。当火山爆发不很剧烈时，熔岩会慢慢地喷发出来，然后顺着山坡缓缓流下，就像是一条由炽热的岩石形成的河流。火山喷发剧烈时，熔岩以炽热的泉水或风暴的形式爆发出来，开始时是很大的黏黏的球体，但是等它冷却后，样子就完全不同了，变成了很硬很硬的黑色岩石。

变化前：胶粘的、软乎乎的、流动的。

变化后：像岩石一样硬。

10个关于熔岩的火烧火燎的事实

1. 流体的熔岩热得令人发昏，温度高于800℃，甚至可达到1200℃，这个温度比开水还高12倍。如果一个科学家不小心一脚踩到熔岩流上，即使在几个小时后脱下鞋来，也会发现袜子冒着烟。

2. 熔岩流动的速度很慢，每小时流动的距离不超过几千米，所以我们逃跑还来得及。但你可千万不要大意：一旦熔岩开始流淌，什么也挡不住其前进的威力。它们滚滚向前，像一个巨大的推土机，埋葬着道路、汽车，甚至整个村庄，放火烧毁房屋和树木。

哎呀！我把汽车停在哪里了？

3. 熔岩流动最快的爆发。历史上熔岩流动最快的一次发生在1977年，熔岩从扎伊尔的尼拉贡戈火山上的一个湖中流出。流动的速度超过了每小时100千米，突袭了毫无准备的当地百姓，上百人悲惨地死去。

4. 如果你战胜不了熔岩，最好的办法就是逃跑。1983年，当熔岩威胁着夏威夷的卡杰帕纳镇时，人们采取了果断的行动。他们把家园（还有当地的教堂）装到卡车上，向安全的地带进军。在他们的身后，城镇化为灰烬。

喂！通知到所有的人没有？我们把教堂搬走了。

5. 岩浆流程最远的爆发。1783年，冰岛的拉基火山爆发，这次爆发后，熔岩流动距离最远，流程达到70千米。

6. 熔岩流动持续时间最久的爆发。夏威夷的基拉韦厄火山爆发，从1972年2月不停地喷发到1974年的7月，共喷发了901天，喷出的熔岩总量足可以填满100 000个奥林匹克游泳池。

7. 夏威夷人都认为基拉韦厄火山是火之女神比丽的家，比丽就住在火山口。每当火山爆发时，从火山上流下的明亮、纤细的熔岩就是比丽的秀发。

8. 如果熔岩从地面上喷出，就会滚滚奔流，并发出蒸汽火车一样的声音。有时熔岩流的上面已经硬化，但下面的液体熔岩还

在流淌，下面的熔岩流过以后，便留下了一条隧道。夏威夷的地下如同蜂窝一样，可以称得上是一个地下迷宫。

9. 有关熔岩最糟糕的事是连续数年不停地流淌，说不定哪天突然停下来，不知何时又突然流淌起来，所以人们常常不知所措。

10. 如果你登上火山岛的海滩，你会觉得奇怪，为什么这里的沙子都是黑黝黝的。原来，当熔岩突然接触到海水时，会被击碎，于是形成了无数的小碎块。海滩上的一切美景可不能由你独享，苹果鸟（来自印度尼西亚）也在海滩上生活，它们用黑色的沙子筑巢，把蛋埋在沙子下面。沙子下面很温暖，鸟蛋受到很好的呵护，一直到小鸟出壳为止。

火山专家们常开滑稽的玩笑

　　枕状熔岩是水下喷发的产物，岩浆从海底裂缝中喷出来，在冰冷的海水中迅速冷却，固化成岩石小块。不过，你可不要枕着枕状熔岩睡觉，一点儿也不软和，更不舒服。

可怕的烟灰

　　熔岩并不是火山带来的唯一可怕的危害。有些火山还会向天空喷出呛人的烟雾，里面含有火山灰和尘埃，总量可达数十立方千米，重几百万吨。火山灰由熔岩和岩石的超微颗粒构成，像粉笔面或面粉一样细。这些火山灰不论飘到很远的地方，还是在火山附近飘落下来，都会带来很大的问题。火山灰可以将火山周围几千米以内的城市和田野埋藏起来，还会给人们的呼吸带来极大的困难。

　　1991年，日本云耶山突然爆发。那时，巨大的云团挡住了太阳，街灯都以为夜晚来了，于是都亮了起来。如果连街灯都认为这不是一件好事，那么还会有什么更不好的事情呢……

可怕的火山碎屑流

毫无疑问，火山爆发造成的最大危害就是火山碎屑流，它的形成过程是这样的：当火山喷出，烟云滚落下来时，就会像山崩一样，发出火花、弥漫着烟雾、飞扬着尘土，覆盖广大的旷野，卷走石头和树木。在这个"杀人狂"行进的道路上，谁都不能幸免。火山碎屑流具有如下的特点：

1. 迅速！每小时200千米！

2. 灼热！温度为300℃～800℃，有时可能会更高！

3. 致命！马提尼皮利角火山在1902年爆发时，碎屑几秒钟就毁坏了岛上的城市，使30 000居民窒息死亡……

公元79年，庞贝的一系列惨剧也是由火山碎屑引起的。但是，另一方面，碎屑加上厚厚的火山灰，不但使城市得以长期保存，而且使城市处于良好的状态。几个世纪以后，当考古学家把一切挖掘出来的时候，考古学家甚至还发现了古罗马的面包。

人们还发现了一群尸体，仍保持着原来的样子。这些人是被火山灰呛死的。后来热火山灰冷了下来，在他们周围硬化。尸体内部的肌肉慢慢地腐烂，只留下了骨头，形成可怕的躯壳。1860 年，一位意大利考古学家在挖掘庞贝古城时突然产生一个想法，他移走人骨头，用石膏填起空洞的部分。石膏硬化后，制成了石膏模型，这样再把模型从岩石中挖掘出来。利用这种方法，我们看到了当时的可怕情景。

历史学家和考古学家进行了一次野外模拟，让今天的人们可以真实地看到古代罗马人的真实生活。如果火山的牺牲者们在天有灵的话，一定会感到没有白白地死去。下面介绍人们在庞贝的几个发现：

▶ 罗马人的饮食——在小酒馆里、街道上和罗马的浴池中，考古学家们发现：鸡蛋、坚果、无花果，还有2000年历史的面包（一个分成八半的有切迹的圆形的面包，当时还放在面包房的烤炉上）。

公元79年出售的面包

▶ 罗马人的爱好——人们挖掘出剧院、神庙、格斗士的住所和格斗士表演的圆形剧场。

表演取消！

▶ 罗马人的穿着——通过镶嵌和仿制，可以看出蛇形手镯是穿着讲究的古罗马人喜爱的饰物。

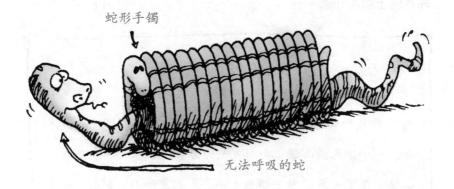

蛇形手镯

无法呼吸的蛇

▶ 罗马人的宠物——通过仿制展示出看门犬的形象，下面还有"小心这条狗"的字样。另外，人们还在火山灰中发现了保存完好的狗。

这只狗还没有吃完饭呢!

致命的火山泥流

你可以想象一下，熔岩如同浓稠的、滚烫的泥水，沿着火山的山坡滚滚而来，那样子，大有排山倒海之势，这就是火山泥流。火山泥流由融化的冰和火山灰混合而成，在行进中可以吞噬城镇和田野，阻塞河流，冲毁桥梁和建筑，非常危险。火山泥流的致命性是由其速度决定的，速度可以达到每小时160千米。

1902年皮利火山爆发时，郭林博士，一个酿酒厂厂主，亲眼目睹了火山泥流造成的巨大破坏。时间是5月5日中午12点45分。郭林博士刚离开家……

5月5日

我刚刚出家门就听到有人喊："大山倒了！"然后我便听到巨大的响声。这声音我从未听过，真是魔鬼一样的声音。一个黑色的山崩，夹着巨大的岩石，从山上滚落下来。山崩离开了河床，像一群巨大的公羊朝我的工厂奔来，我被惊得呆住了。

转眼间，泥流到了，正好从我面前通过，我闻到难闻的气味，紧接着爆裂声四起，周围的一切都被碾碎了，淹没了，然后又浮现出来。接着三个大浪卷了过来，一个紧接着一个，就像三个巨雷从天空投到海里。我的妻子和儿子正向岸边跑去，他们就这样被冲走了。一条船也被抛向空中，夺去了我忠实的船夫的生命。我无法形容当时心中的悲哀。

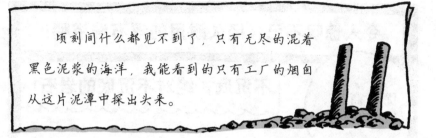

顷刻间什么都见不到了，只有无尽的混着黑色泥浆的海洋，我能看到的只有工厂的烟囱从这片泥潭中探出头来。

根据衡量火山泥流的标准，上述的情况只能算是小事一桩。1991年菲律宾的皮纳图博火山爆发时，形成了有史以来最大的火山泥流。它吞噬了周围的自然景观，淹没了好几个大城市，毁坏了无数亩最富饶的稻田，夺走了1000人的性命，上百万人无家可归，很多人被迫乞讨为生。直到今天，泥流的余孽还未消尽，大量的火山灰还覆盖在山上。每年雨季到来时，火山灰混杂在雨水中，形成泥浆，向下流淌……

炽热的岩石

岩浆或熔岩冷却变硬后（在地表而不是在地下）就形成岩石，称为火山岩。火山岩的种类很多，最有名的是……我们还得多花些笔墨。

这是浮石。

51

你想找一件理想的礼物吗？你是不是不喜欢送别人滑石和书签，特别想找一个不寻常的东西？那么请你不必再找了。我们可以满足你的要求，你可以和无聊的橡皮老鸭说再见了，你会有下面的东西……

浮石能够漂起来是因为里面充满了热空气。气泡爆炸后，留下了很多孔洞。火山爆发时，喷出上百万吨的遍体鳞伤的浮石，最小的只有豌豆那么大，最大的有冰川那么大，一点儿不假。1883年喀拉喀托火山爆发时，船只花了几个月的时间才把海上危险的大浮石全部拖到岸上。

耀眼的闪电

火山爆发时，你常常会见到耀眼的闪电，下面介绍一下这些闪电产生的原因。

1. 上百万吨的熔岩、尘埃颗粒穿梭于烟云之中……

2. 以高速相互摩擦。

3. 形成了静电（与用梳子快速梳头是同样的道理）……

4.……于是从云里射出了雷电。

霹雳！ 霹雳！ 霹雳！

赶快找地方躲起来！

惊人的事实

我们再来谈一谈鱼，不管你相不相信，1886年厄瓜多尔的通石拉瓦火山爆发时，在附近的平原竟下起了鱼雨。人们推测说鱼可能是来自于火山口的湖内。令人惊奇的是这些鱼既没有擦伤，也没有烧伤，状态非常良好。

考考你的老师

你的地理学老师会不会因为火山知识而恼火呢？用下面的测试题试试他们，看他们的忍耐力怎么样。

1. 什么是块熔岩？

a）当熔岩流过来时，你在逃跑时发出的喊声。

b）一种非常锋利的岩石，最好别用手碰它。

c）夏威夷人对熔岩的叫法。

2. 在哪里可以找到岩穴？

a）在一个小火山口。

b）在火山学家的帆布背包中。

c）在火山岩石中。

3. 什么是火山砾？

a）火山喷出的小块岩石或熔岩。

b）火山中找到的小块金子。

c）给火山神的祭奠。

4. 你怎样对待面包屑炸弹（bread–crust bomb）？

a）吃掉它。

b）放在锅里煮。

c）远离它。

5. 什么是绳状熔岩？

a）挖掘火山岩的工具。

b）夏威夷的熔岩。

c）夏威夷的最大火山。

6. 什么是火山口？

a）火山顶上的环形火山口。

b）火山坡上的环形火山锥。

c）戴着尖顶帽子的老太婆们围绕
跳舞的大锅。

7. 什么是玄武岩？

a）一种火山喷出的气体。

b）一种黑灰色的火山岩石。

c）放在土豆片中的东西。

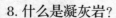

8. 什么是凝灰岩？

a）一种用于制作火山专家袜子的材料。

b）火山灰形成的岩石。

c）熔岩上长出的一种草。

9. 什么是喷气孔？

a）一种熏鱼。

b）用于测定烟雾的设备。

c）地面上喷出蒸气的地方。

10. 什么是玛尔（marrs）？

a）靠近地球的一个行星。

b）一种火山。

c）火山顶的冰河。

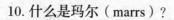

答案

1. c）。块熔岩是浓稠的、胶黏的熔岩冷却后形成的硬硬的岩石，非常锋利，可以切开你的鞋底。

2. c）。穴岩为火山岩下面的洞穴，表面覆满了水晶。大多数的穴岩都很小，但人们也发现过一个洞穴大的穴岩，里面的水晶可以装满1400袋。

3. a）。火山砾在拉丁语中是小石块的意思，大小介于豌豆和苹果之间。估计你的老师也不一定知道这些。

4. c）。面包屑炸弹是从火山喷出来的圆形熔岩块，所以叫这个名字，是因为它在空中飞行时，外表已经冷却变硬，而里面却很热、很黏，很像刚出锅的面包，但可不能放在锅里煮，最好赶紧跑远点。

5. b）。绳状熔岩为流速快的熔岩，冷却后很像平滑、卷曲的头发。

6. a）。从火山的角度讲，火山口是在火山喷发时或火山自陷时而留下的非常大的缺口。如果你很聪明，你可能会选择c），因为喷火山口在西班牙语中，还有大锅的意思。喷火山口里面常有雨水，形成了空中火山湖。有的喷火山口直径可达几十千米。

7. b）。火山岩石的种类很多，玄武岩最为常见。

8. b）。常用于建筑。

9. c）。有火山的地方就有喷气孔，它可以喷出蒸气和有异味的气体，周围常形成含有黄色硫的结晶。

10. b）。当岩浆使地下水加热后变成蒸气并喷发出来时，就会形成小火山。这与火星一点儿关系也没有。

评估老师的得分

0～4分　老天爷！看来这个地理学老师快要"熄灭"了。

5～7分　较好。虽然老师算不上是个专家，但是他明白食盐与玄武岩的不同。

8～10分　万岁！你的老师真像是个活火山，可能私下里是个火山学家，你一定要认真观察，看他是否会冒出一点儿气来。

当然，如果火山不发疯、不发脾气、不威胁人类，还是一个非常美丽的观光地。请带上你那些火山知识，想一想，从哪个地方开始旅行呢？

参观肆虐的火山

你是不是觉得写作业很烦？要不要到外面走一走？去火山旅行怎么样？你也许觉得这样的旅行很辛苦。不过，有一点我可以告诉你，就是这样的旅程会让你感到很兴奋的。如果你是第一次看火山，确定要去看哪一个火山还是一件很不容易的事。为了给你这一辈子中最伟大的旅行提供帮助，《每日环球》荣幸地向你推荐如下精彩的旅行指南。祝你假期旅行快乐！

每日环球
独特的火山之旅

游览内容：
请到夏威夷度假，温暖的阳光、美丽的海滨正期待你的到来。（详情请阅读下页！）

神秘的南大西洋	本周安排手册	65 便士
▶ 访问特里斯坦—达库尼亚岛，参观巅峰大逃亡 65 便士	滑雪通报	66 便士
	本周全书	71 便士
火山岛的大融化	最新突破	73 便士
▶ 一个火、冰与水的真实故事 68 便士	指南速查	73 便士
	最佳忠告	75 便士
	天气跟踪	77 便士

得大奖!
赢得一生最难忘的火山之旅
亲眼目睹间歇泉的机会
参观美国黄石公园
有关参加有奖活动的情况请见63页。

祝你在夏威夷度假快乐!

美丽的黑色沙滩

要想参观火山,夏威夷是最好的地方,这里的游客每年达到500万人。那么,到底是什么原因使夏威夷成为热点的呢?我们派出了巡回考察员,于是揭开了这个秘密……

我一直盼望着有一天能去夏威夷,现在机会终于来了,我再也不会失望了。夏威夷岛其实就是火山的山顶,是太平洋上的一个热点。火山很大,但是却很温和。它喷发时,当然它总会喷发，就会喷出岩浆，一股一股黏黏的东西，形成了红红的、热热的河流，上面不时冒出火焰，神奇吧!

到夏威夷的第二天，我就再也等不下去了。我想亲自去看一看火山的喷发。我是乘汽车去的（你当然也可以乘小汽车或直升机什么的）。总的费用包括交通费、夏威夷国家公园门票、火山之家咖啡馆的一顿便餐和集体导游费。（如果你想

本人在汽车前面留影。

再买件T恤衫，就得自己花钱了）花了这些钱以后，你就可以亲眼看见熔岩是怎样从地下冒出来的了，还可以看到熔岩咝咝地流进大海。

在夏威夷，你可以游览的

地方有100多处，让你觉得眼花缭乱。不过有一个地方，你千万不能错过，那就是基拉韦

看那些熔岩喷出的小泡
——真是美妙极了!

尔，这个地方从1983年以来一直在喷发。还有一个一定要看的地方是冒纳罗亚火山，这是世界上最大的活火山。如果你特别想看一眼夜景的话，那你就去眠冒纳奇亚休眠火山上面的观测台。

真可惜，时间过得太快了! 该回家了。但我下次一定还来。对于我这个第一次来看火山的人来说，夏威夷真是个非去不可的地方，是一个令人兴奋的地方，因为你看到的地球正在活动之中。

本周的收获

你真想离开眼前的生活吗？欢迎你到南大西洋的特里斯坦—达库尼亚小岛来，这是一个鲜为人知的地方。

▶ 如此开阔的地方——只有400人居住。

▶ 特里斯坦—达库尼亚是地球上最偏僻的一个岛，它距最近的陆地有2000千米，距周围最近的地方也有几千米之遥。如果你不相信，请看一下地图就明白了。它位于南美、南非之间的南大西洋。

▶ 今天的特里斯坦—达库尼亚沐浴在和平与宁静之中，但是1961年10月的爆发定会令你惊叹不已。实际上，它是海底火山的山顶，距海面有2057米，是从这里一直到冰岛火山山脉中的一座，而这条火山山脉正好位于大西洋的中央，两个板块沿着火山山脉向两侧裂开。

▶ 你到这里旅行真是把钱花在刀刃上了。我们的收费还是很合理的，如果两人旅行，第三个人加入进来还可以免费。如果你是团队一起旅行！快打电话订票吧！

喀斯喀特火山

你知道，它们正在睡觉……

如果突发奇想，要参观火山，建议你到美国西北部观看喀斯喀特火山。冰雪覆盖的山顶森林像童话一般美丽，火山口的湖水清澈透明，这里的景色还有很多很多。只要看一眼高耸云霄的雷尼尔山和它的26条冰河，你就会为圣海伦斯山的惊心动魄而惊叹不已。欢迎你再次亲历胡德山令人惊心动魄的地震。

请来函索取免费旅游手册

请到喀斯喀特火山来，这里称得上品位十足！

滑雪报告

鲁阿佩胡火山（毛利语的意思是"爆炸的地方"）位于新西兰的北岛上，是新西兰最高的山，有2797米高。来到这里，你可以看到皑皑白雪和令人心旷神怡的美景。这里还是今年最佳的滑雪场，无论你是滑雪高手，还是初学者，这里都是最理想的地方。

可怕的健康警告

如果鲁阿佩胡火山喷发，就要耽误行程了。上次就是如此，1996年由于火山灰的下落，滑雪道、道路和附近的机场都被迫关闭。如果你想来这里旅游，一定要注意收听广播和电视的新闻节目。

得 大 奖

在神奇的黄石国家公园，你就会有机会得到本周的间歇泉游览大奖！间歇泉是一种巨大的由热水和蒸汽组成的喷泉，地下流淌的火山岩浆把这里的水几乎加热到了沸点。在冰岛、新西兰等地方你也可以看到这样的喷泉。

然而黄石公园有着世界上最著名的、最大的喷泉：斯廷博特喷泉。这个美丽的喷泉常会喷出115米高的水柱。不过别担心看不到这一景色——公园里还有2999个可以观看的间歇泉。另外一个人们喜欢的喷泉是老忠实泉，它每个小时都会喷水，已有100年的历史了。

黄石公园坐落于热点上，每年都向美洲板块的下面运动（速度非常慢，每年为3.5厘米）。这就是为什么下面的岩石总是热的，而且间歇泉总在喷水的原因。

欲参加有奖活动，首先回答下面三个脑筋急转弯问题，完成下面的句子。

1. 世上最高的间歇泉在哪里?

2. 叫什么名字?

3. 为什么间歇泉会喷水?

完成下列句子，不能超过10个词。

"蒸汽船就是我的间歇泉，因为……"

假日太美妙了，我都快要玩儿疯了！

火山岛的大融化

　　冰岛有200多个活火山，每年都有5次喷发，是地球上最不牢固的地方，也是每个火山参观者必去的地方。与其说是冰岛，还不如说是火岛。冰岛的科学家们认为他们已经看到了这里所有的火山。然而，1996年秋天，发生了一系列惊人的事件，一件可怕的事情就要在冰下发生了……

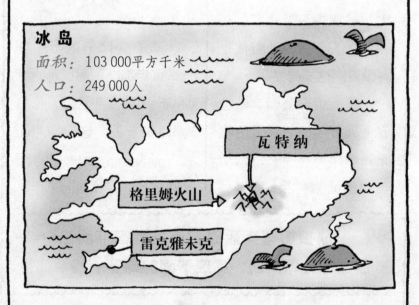

冰 岛
面积：103 000平方千米
人口：249 000人

瓦特纳

格里姆火山

雷克雅未克

　　已经连续6周了，科学家们乘观测飞机不停地穿梭于火山之间，密切注视着可怕的格里姆火山。火山要喷发的预兆已经非常明显了：一系列的警告性的地震，表明地下的岩浆已经开始骚动。看起来火山马上就会爆发了，但是并没有爆发。火山的上方是瓦特纳，欧洲最大的冰川，占这个岛冰川的1/10。如果火山融化了冰，那么就会引起冰岛上史无前例的洪水泛滥。科学家们屏住呼吸，紧张关注着火山的动向……

非常紧张的科学家们

终于有一天，科学家们的担心变成了现实。冰川光滑如镜的表面出现了裂缝，震撼世界的喷发就要开始了。火山在冰川下沸腾着，以每秒6000吨的惊人速度融化着冰。到了第三天，火山巨大的能量已经把760米厚的冰融化了，形成一个宽3千米的

裂缝，就像一个张着的大嘴，喷出由蒸气和火山灰组成的黑色烟雾。

科学家们被搞糊涂了：他们亲眼看见冰已经融化了，但是水流到什么地方去了呢？他们马上组织了紧急救护队，不分昼夜地修筑拦河坝，准备阻挡可能流下来的洪水。南部海滨的交通已经关闭。三周后，事情有了结果，如同万里大堤决口一样，4亿吨洪水以每秒55 000吨的速度从冰川直泻而下。

大坝决口

冰川破裂了，像房子那么大的冰块冲毁了道

路、桥梁、电站和输电线路，最后流进了大海，大地上只留下一些小的冰块。可怕的一幕过去了，科学家们再次考察时，计算了洪水的能量。这是60年来冰岛上最大的一次洪水，但是冰岛人非常幸运！瓦特纳地处冰岛南部鲜有人居住的地区，住在当地的少数人早已撤离。尽管损失达到几百万英镑，但无一人死亡。

一块冰还是两块冰？冰岛可不需要冰。

　　冰岛是世界上最不稳定的地方。这是因为它正好骑在两个地壳板块之间，一块背负着北美，而另一块背负着欧洲和亚洲。两个板块每年以4厘米的速度向两侧拉开，速度虽然很慢，但从未停止。所以说冰岛与地球一样，也正在被撕成几块。

本周推荐图书

喀拉喀托火山：火山就在那里喷发

作者：E.鲁普森船长

《喀拉喀托火山：火山就在那里喷发》一书以一个目击者的所见，介绍了有史以来喷发最为剧烈的火山。1883年8月27日，经过了200年的沉睡，喀拉喀托这个位于印度尼西亚西南部的火山突然爆发了。火山灰和浮石喷向高空，达50千米。2/3的岛屿沉入了海底。一个商船船长此时正好经过这里，看到了喀拉喀托的喷发，他在航海日记中写道：

"爆发如同巨雷和大炮，冒着气体的大块熔岩炸向空中，如同焰火一般。下午5点钟，甲板受到了大块浮石的轰击，有的足有南瓜那么大。火山灰很快落满了甲板，船员们不停地打扫才能保持清洁。"

船长和全体船员们神奇般地活了下来，而有些人却没有活下来。爆发引起了巨大的海啸，或者叫潮汐波，冲向位置很低的爪哇和苏门答腊岛。只有163个村民靠游泳逃了出来，其余36 000人全部葬身大海。

在这本扣人心弦的书中，E.鲁普森船长生动地描绘出一幅可怕的图画，特别适合你在充满恐怖气氛的假期来阅读。（如果你不在印度尼西亚就不会有叩响幸运之门的机会）特别推荐此书。

最新突破

科多帕西科

厄瓜多尔冒险之旅正在安第斯山脉恭候您的光临。

来访者必须有良好的身体素质。科多帕西科海拔5897米，如果你不想攀登，可以乘车到半山腰，再骑自行车下坡，一点儿不假！火山处于活动期。

波波卡特佩特

地处墨西哥，你也可以简单地称它"波波"，山高5452米，山顶被封锁在冰雪中，从1997年以来一直爆发。按照当地的传说，"波波"是一个巨人，神把它化为石头。你来访时要尽量住在墨西哥城附近。

埃特纳

位于意大利的西西里，是欧洲最大的活火山，高度为3340米。你可以乘小汽车或公共汽车到达山顶。如果你决心要步行，最好结伴同去。历史上第一个爬上埃特纳山的人是勇敢的罗马皇帝阿德雷安。最近一次大的爆发是在1991—1993年，1998年有小的爆发。所以一定要戴好硬硬的帽子，因为火山处于活动期。

富士山

位于日本，是一个神圣的火山，所以在那里的每次举手投足都要小心。你可以与朝圣者结伴登山（山高3776米），请求神保佑你不受伤害。在上山途中，你可以参观很多庙宇。最近的一次喷发是在1707年。火山处于休眠期。

乞力马扎罗

位于坦桑尼亚，是非洲最高的山峰，达到5898米，共有两个峰，一个是基博山，另一个是马文济山，中间以山脊相连。到了基博山火山口时，你可以亲口尝一尝上面的冰块。火山的山坡上长满了咖啡树。火山处于熄灭期。

埃里伯斯火山指南

埃里伯斯火山在地球的什么地方？
位于冰冷的南极内，在罗斯岛的东海岸。

在那里，人们见不到火山，因为南极太冷了！
这回你可错了，在那里一样可以看到火山的喷发。
这座山的另一个名字叫恐怖山，但是它并不那么恐怖：它已经熄灭了，不过还没有完全死去。

好吧！听你的，这个奇形怪状的山峰有多高？
最近测量的高度为3794米。

哦，的确不矮，它还在喷火吗？

是的，常常喷火，冰封下面灼热无比，跃跃欲试，你从山顶冒出的蒸汽就可以看出这一点。

那么最近的一次喷发是什么时候？
在1989年。

火山喷发时剧烈吗？
是的，很剧烈，但是来看它的人不多，几乎没人常在这里看它喷发。
这么说，它对人类没有危险了？
危险还是有的。1979年，一架飞机满载一队来自新西兰的观光者，坠落于埃里伯斯火山，机上人员全部遇难。

听起来令人毛骨悚然，它有什么特别的地方吗？
它的主火山口上有一个大湖，里面全是沸腾的熔岩。

不过，这些都是你说的，又没有人去过那里，我们怎么知道这事是真的？
这座火山是一个苏格兰的探险家詹姆斯·罗斯爵士在1841年发现的。
詹姆斯爵士真够幸运的，他到那里做什么？
探险呗，你这个傻瓜，探险家总是这样的。

是他给这座山起名叫埃伯斯火山吗？
是的，埃伯斯是他的一艘船的名字，意思是"地狱之国"。

我看这个名字倒很合适！

维埃姨妈送给旅行者的10条最佳忠告

做这样的探险非常有趣，但是你一定要知道维埃姨妈多么为你担心。所以她要送给你几句重要的忠告，保证你旅途安全一些。如果你准备得不充分，她是不会让你起程的。

维埃姨妈

1. 如果要看的火山是活动的，你一定要多加小心！亲爱的，事情有时会变得很糟，一定要先请教专家，了解一下自己能否适应。专家们会告诉你到何处观看最安全。

错误

2. 火山的上面非常热，但是要多穿衣服，还要带上备用衣服，最好带上漂亮的、厚厚的隔热背心，当然也最贵。穿很多衣服在山脚下时可能会感到有些热，但请听我的话，山顶上可是寒风刺骨。

71

3. 你一定要当心流淌的熔岩，无论你做什么，都不可越雷池一步！有时从外表看是坚硬的岩石，但是请相信我的话，岩石实际上比辣酱面滚烫几百倍。如果把脚放进去，那才叫做真正的放进去了呢！

4. 一定要穿上厚底鞋，亲爱的，夏天也不例外。火山岩锋利如刀，它会一下子把你薄薄的旅游鞋切开。

5. 至于间歇泉和喷泉，当然你很喜欢看。但你不可违反常规。说不定沸水中会有一块薄薄的岩石片，会伤着你的。一步走错，你就会被煮熟。到那时你就会后悔当初没有听从维埃姨妈的话了！

6. 如果走近可能随时产生碎屑物泥流的火山，一定要赶快离开！这可是说一不二的，亲爱的！

7. 如果你已经安全抵达了火山口，还要特别小心里面不断长大的圆丘。有时，它会出乎意料地爆发！太可怕了。如果火山口的年龄不过10岁，可绝不能去那里冒险。

8. 虽然不说自明，但我还要说一遍，不可在火山流下的小溪旁宿营。你不想被洪火或熔岩冲走吧，亲爱的？

9. 一定要远离正在冒出气体的火山。这种气体可能毒性很大。憋一口气的时间是不够你逃离的。天啊！我不敢再往下想了。

10.最后，如果你要去看火山，无论是活动的还是其他什么的，都要非常谨慎小心，亲爱的。无论怎么说，没人能说清火山下一步要做什么。噢，别忘了给维埃姨妈寄明信片来，相信你不会忘的，你知道我有多担心啊！

天气跟踪

选择去火山度假时一定要记住火山会严重影响天气的变化。

剧烈的火山爆发会喷出很多的火山灰、尘埃和气体，把太阳遮住，导致全球很多年内温度持续偏低。1816年，印度尼西亚的坦博拉火山发生了灾难性喷发，第二年夏天的温度降至200年来的最低点。北美洲温度下降了6℃。这种类似冬天的气候冻死了庄稼，引起了大面积的饥荒、死亡和疾病，这段历史被称为"没有夏季的一年"。

到火山地区度假的确是一件很有意思的事，但你是否想住在火山上呢？你可能会感到很奇怪，居然有很多人住在那里。

可怕的 火山 生活

假设你家附近就有一座火山，该会是什么样子呢？人们是不是糊涂了，才住在那里呢？不是。不可能成千上万的人都犯错误。现在，世界上约有1/10的人口眼下就住在活火山的附近。他们为什么要这样做呢？这样冒险值得吗？如果火山翻脸，那该怎么办？下面我们分析一下正反两个方面的情况。

山能杀人吗？

我们先来介绍一下反对意见，无论怎样讲，住在火山附近都是一件危险的事。

▶ 从20世纪以来，已经有70 000人死于火山爆发。

▶ 危害性极大的熔岩能烧毁、压碎它所遇到的一切。

▶ 火山灰和泥土能使整个旷野与空气隔离，使人窒息，还可能吞噬大片的农田和农作物、中断通信、阻塞交通。火山爆发剧烈的时候，用不了一个晚上就会夺走你的家园、你的生命还有你的妻子，而你束手无策。火山转眼间使整个世界变成废墟，而废墟恢复到以前的样子需要几百年的时间。

▶ 还对全球气候有严重的影响，会引起海啸（你还记得喀拉喀托火山吗），导致饥荒和疾病。人们得花上几百万英镑才能把一切清理好。

火山最难解决的问题就是它很难预测。一分钟之前你还像是在天堂里生活一样，突然，出现了"天翻地覆"的变化。下面的情况就是如此，在阳光灿烂的加勒比海上有一个美丽的热带小岛，上面住着蒙塞拉特人，他们认为岛西面的钱斯峰不再休眠了，很快就要醒来。

天堂中的麻烦

罗斯的日记
1995年7月18日

请不要靠近！

亲爱的戴尔雷：

我住的城里发生了奇怪的事情。我们正在放学回家的路上边走边玩，忽然我妹妹说看到什么东西就要爆炸了。又过了很长的时间，我仍然没有看到什么。后来她说："下黑雪了，你这个笨蛋。"她才8岁，怎么就会这样胡思乱想。城后面的苏弗里耶尔好像是冒烟了，烟雾像小山

妹妹

一样，成片的烟尘从天

上落下来，这与下黑雪
并不完全相同。在蒙塞拉特一般不下雪，这时我真的感到有些害怕了。

吃过茶点，我们跑着去了奶奶家，因为她好像无所不知。我们去问她后山为什么会冒烟呢？"噢，孩子们，你们不要为此事担心。"她说，"科学家会弄明白的，他们挣的就是这份钱。这个老火山已经沉睡了400多年了。"尽管我在这里住了10年，但记不起有什么东西和这种烟雾很相像。

奶奶

1995年7月20日

　　我们有好几多天没有上学了，因为问题有些严重，火山已经开始爆发。开始时它发出轰轰的响声，接下来巨石开始从山顶向天空喷射，就像图中那样。时间正是中午，但天黑得像夜晚一样。

　　我们的一个邻居叫戴尔先生，我们从未见过他像今天这样恐慌。他在山上种有几块田地，有甜薯、萝卜，另外还养了一群山羊。眼下他再也不能上山了，太危险了。真不知道山羊们现在想些什么？我妈妈使出了全身的解数安慰戴尔先生，可是她的语调一点也没有安慰感，她的噪音有些发颤，妈妈都这个样子了，说明真的出事了。

我们到哪里吃晚饭呢？

戴尔先生开始担心了。

妈妈的噪音发颤了。

1995年7月26日

　　情况越来越糟了，房子上盖满了一层厚厚的黑色火山灰，半个城市都黑了。太可怕了，我不敢大喘气，怕把烟灰吸进肺里，每当我们打开电视机时，电视机里的人就说火山随时可能爆发。如果真的爆发，我们将会怎么样呢？

1995年8月26日

　　火山还在冒着烟、喷着气，一切都变得更糟。最后政府说，老百姓不能在普利茅斯住下去了，太危险了。这个地方就是蒙塞拉特的首府，而我们正是住在这里。

　　我们的家危险了？！我们离火山太近了。我们不能接受这个现实，我们得向岛北部迁移，那里比较安全。爸爸把小店关了，把家门锁了。收拾完家里的一切，我们就上路了。奶奶也和我们一起走，她对火山很不满意，对科学家更不满意！实际上全城的人都动了起来。当时的场面真是混乱极了，摆满了各种箱子、盒子、毯子和被褥的汽车排成了长队。没能和戴尔先生家里的山羊说一句再见的话，也没能与戴尔先生说一句话，我们就走了。后来的生活更是一片混乱。我们在这里只住了一个月，朋友们都来了，所以和过去的家没有太大的差别，只是没有自己家的房

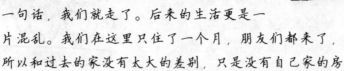

子。我们都睡在教堂里，还把教堂当成教室。不管你相不相信，爸爸学会了赌博，而且赌得很凶，因为这里每天晚上都有诱人的赌博会。

1997年3月14日

我们还住在宿营地，现在这已经很像一个小镇子了，有自己的商店，这是爸爸开的，还有一家医院。我们从教堂搬进了木屋，感觉一切都很好，只是有些拥挤，每个人都被挤得紧紧的。一些住在大房子里的人不得不把他们豪华的卧室让给别人住。有些人竟然住进了旅游宾馆或度假村。爸爸说，虽然是在放假，他们还需要花些钱。昨天晚上，人们在一家宾馆举行了福音音乐会，音乐会办得很带劲，和教堂的周日一样，我觉得房顶都要被掀起来了，乐声是那样的优美。当人们感到所有的事情都要

出毛病的时候，还能表现得如此高兴，真有些奇怪。奶奶说大家都在"强装出一副勇敢的样子"，而在他们的内心深处都已经达到崩溃的边缘。妈妈则说："你必须得笑，否则就得哭。"

火山还在喷发，戴尔先生真可怜，家里的田地没有了，山羊也没有了，一切都被盖在火山灰和岩石下面了。现在他一筹莫展，不知所措，我努力不再想山羊的事情。很多人由于吸入火山灰咳嗽起

我和妹妹

来。有一次我问妈妈什么时候能够回到家乡，这句话使妈妈感到很不安，我们可能永远回不去了。一切的事情都由火山来决定，而且谁也说不准火山下一步会做出什么事来。

1997年3月21日

　　昨晚，我做了一个梦，梦见一切都已经恢复了正常，我们又重返家园。一切都很正常，园子里的芒果树上挂满了新鲜可口的果子。我回到了过去的校园，所有的朋友都在那里，好像任何事情都没有发生一样。天是蔚蓝的，山坡是葱绿的，上面有星星点点的黄花，与过去一样美丽。醒来时我心里非常高兴，接下来我回到了现实，记起昨天有人说："家乡的一切都是灰色的，很像是面对着一幅黑白照片讲话。"我明白了，我们再也无法回到自己的家乡了。

1997年7月21日　英格兰的伦敦

　　过去的几个月里发生了这么多的事情，我几乎没有时间写信了。一天，爸爸从商店回到家中告诉我们说，他已经下决心离开蒙塞拉特到英格兰去住。很多人已经去了伦敦，还有些人到了阿根廷。后来可以记起的事情就是坐在开往英格兰的船上，横游世界。船在开离海港时，我和妹妹都哭出了声。我们刚来蒙塞拉特时，那是多么的美丽；当我离开时，我们看到的只有烟雾，我们知道离开是唯一的一条路了。奶奶决定留下来，她说她太老了，已经不能长途旅行了，而且火山说不定也会沉

静下来。但火山还在喷发，根本没有停下来，而且每天都有大爆炸。

在伦敦和叔叔住在一起感觉很好。我上了一所新学校读书，而且马上就要搬进新家。这里的天气很冷，我还很怀念家乡，特别怀念，因为家乡：

▶ 每次下雨时，炎热的天气就会凉爽下来；

▶ 在沙滩上，墨黑色的沙子会从趾缝中挤出来（我们常常从家里步行到海滩），就因为火山的原因才有墨黑色的沙子；

▶ 家乡有热带地区的蔚蓝色的大海，我常和爸爸一起到海里摸鱼；

▶ 周五晚上有街道舞会（我常在卧室的窗前向外张望）；

▶ 打扮好去教堂，羊汤炖菜和奶奶做的糖饼（是用新摘下来的椰子做成的）好吃极了，我最怀念奶奶。

我相信会在这里住习惯的，但是我还总梦想着回到家乡，每当我清醒过来时，不免感到有些失望。

罗斯12.5岁

羊汤炖菜

← 糖饼

魁梧的火山温和吗?

火山是非常危险的,那么为什么有很多人住在活火山附近呢?你可能对此很不理解。

岩浆,熔岩,烟灰,房地产代理人

出售

一所房子,很僻静,可以看到山谷的对面,山崖陡峭,阶梯形花园,内设火山地下室,可能会有一些地基下沉的情况。

住在火山附近的一些主要原因

1. 非常肥沃的土地。火山地区的土地是地球上最肥沃的,因为上面有一层火山灰,有大量的营养物质,很利于植物的生长。从远古时代起,火山地区就一直是耕作繁忙的地区,今天仍可以生产大量的粮食,解决上百万人口的吃饭问题。

耕种梯田

农民

火山

灰梯田

例如，印度尼西亚拥有一些特别适于水稻生长的土地，这些地区刚好位于火山的辐射区内，土地也特别肥沃。农民每年种三季庄稼，而不只是一季。从庞贝时代起，人们就用维苏威山坡上的葡萄酿造美酒，还有中美地区火山口的咖啡。当然你还可以说出很多的好处，但是如果火山灰层太厚，超过20厘米以上，就会破坏土质。

2．便宜的中央热源。在火山地区，地下水可以被加热到150℃。可以被直接抽出来送往各家各户，用于洗衣或取暖；或者可以转变成便宜的电能，这叫作地热发电。这种发电方法既干净，又便宜，而且不会枯竭。怪不得地理学家特别喜欢火山。在隆冬季节，你还可以在热乎乎的泳池中游泳。冰岛就是这样，冬天可以做户外活动，或者是吃上热带的水果：香蕉、菠萝，这些水果都生长在地热形成的温室中。

3．大量的熔岩。大量的熔岩非常有用，如何利用呢？首先我们可以……

▶ 住在里面。从公元4世纪起，住在卡帕多基亚的土耳其人就把熔岩火山锥中挖出的洞穴当房子，甚至用洞穴作为教堂。熔岩很好挖，很结实，防火性能良好，绝缘性能也很好（做鞋特别好，冬暖夏凉），有这样的房子还用得着别的什么设备吗？

▶ 做石洗牛仔裤。你还记得爸爸穿的褪了色的牛仔裤吗？曾经还很时髦吧？啊，对了，石洗用的就是这种浮石！

▶ 训练猫。猫的大小便与火山灰一样讨厌，但浮石对这些东西的吸附性却很好。

▶ 改变你的容貌（这里指的是脚的容貌）。如果皮肤角质化严重，你完全可以用浮石来解决。很多世纪以来人们一直这样用浮石。曾经有一群考古学家在挖掘时发现，有些地区附近并没有火山，为什么会受到火山喷发的浮石的攻击呢？他们被弄糊涂了。后来他们意识到，可能是很多世纪以来，人们一直在使用浮石来滋养皮肤，使皮肤变得光滑，所以百姓们从远离家乡的罗马商人那里买来这种石头。

4. 理想的建筑材料。火山灰形成的岩石是一流的，性能也非常坚硬。如果切成方块，可以用来做建筑材料，建造房子、道

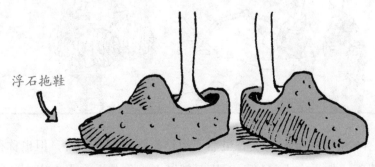

浮石拖鞋

走路时皮肤的硬角质层就会被磨去。

路、桥梁等，还有数不清的别的什么。罗马人还把火山灰制成水泥，用水泥建起了耐久的建筑，彻底地改变了建筑技术。那么水泥中到底有什么成分呢？答案就是火山灰的尘埃。你没猜中吧？如果没有火山，就不可能有这么多鳞次栉比的建筑群，如罗马圆形剧场和罗马大路等，每当涉及这些内容时，你的老师都会大讲一番的。

这个建筑物用了8年时间和3座火山喷发的火山岩。

5. 神奇的金属。铜、铅、锡、银和金都有什么共同特点？答案是，它们都存在于岩浆中。采掘这些物质需要大量的人力和物力。当然你可以等着火山的喷发，再等到它冷却下来。在火山温泉中，你就可以找到金子。

我早就告诉过他，等冷却下来再动手！

6. 璀璨的宝石。宝石虽然不像钻石那样耀人眼目，但也称得上璀璨。如果火山已经熄灭几百年以上，你就会在火山岩中（叫作金伯利岩）找到这种闪闪发光的东西。钻石是在地球深层形成的，然后经火山喷吐出来，特别常见于南非和西澳大利亚。在美国的犹他州还有更为名贵的绿宝石。如果能撬出一枚小小的绿宝石，你一下子就会变成大富翁。

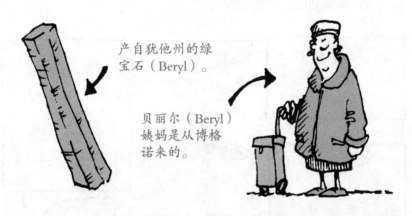

产自犹他州的绿宝石（Beryl）。

贝丽尔（Beryl）姨妈是从博格诺来的。

7. 用途广泛的硫。火山气体冷却后形成很脆的晶体，呈亮黄色。你在温泉和火山喷气孔处可以见到这种晶体。意大利、智利和日本都有硫矿。硫可用来制作火柴、火药、染料和药膏（确实很臭！就是过去用来做臭弹的东西）。硫加在橡胶中，还可以提高轮胎的强度。这一过程叫硫化处理（Vulcanization），名称源于伏尔甘神（Vulcan）。

惊人的事实

如果家里的设备不能用了，为什么不节省一些电能，把火山当成炉灶呢？住在日本云耶山的村民就是这样做的，可以省去煮蛋计时器或者不烧热水。那里的人们利用火山喷出的热蒸气就可以把鸡蛋煮熟当午餐。

恐怖的安全警告

如果你害怕熔岩伤着你，那还是小心为好，而且一定要非常小心！你能说清火山会在什么时候爆发吗？下面介绍一些火山要爆发时可以听到的声音或看到的迹象。

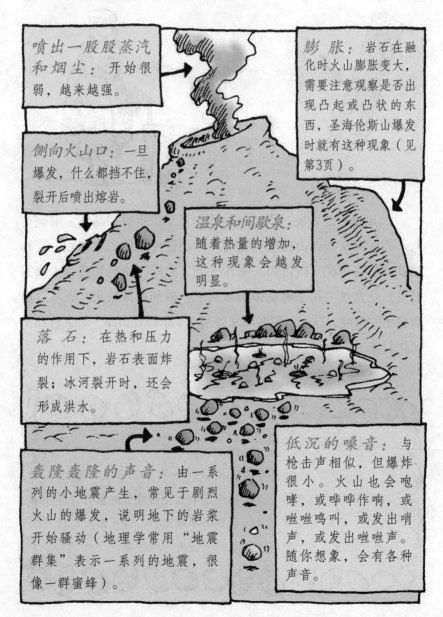

喷出一股股蒸汽和烟尘：开始很弱，越来越强。

膨胀：岩石在融化时火山膨胀变大，需要注意观察是否出现凸起或凸状的东西，圣海伦斯山爆发时就有这种现象（见第3页）。

侧向火山口：一旦爆发，什么都挡不住，裂开后喷出熔岩。

温泉和间歇泉：随着热量的增加，这种现象会越发明显。

落石：在热和压力的作用下，岩石表面炸裂；冰河裂开时，还会形成洪水。

轰隆轰隆的声音：由一系列的小地震产生，常见于剧烈火山的爆发，说明地下的岩浆开始骚动（地理学常用"地震群集"表示一系列的地震，很像一群蜜蜂）。

低沉的噪音：与枪击声相似，但爆炸很小。火山也会咆哮，或哔哔作响，或唑唑鸣叫，或发出哨声，或发出唑唑声。随你想象，会有各种声音。

其他警告性的迹象还有：

▶ 犬吠：一般说来火山爆发前，狗会变得躁动不安。

▶ 特殊气味：熔岩上升会引起空气中有毒气体的浓度升高，这些气体是非常有害的。当这种气体到达你鼻子时，一切都有些晚了。有的气体气味大一些，如同臭鸡蛋；有的是酸性物质，可以漂白或者腐蚀衣服和皮肤；但最可怕的要属一氧化碳，它没有任何气味，所以很难被人们发现。

杀人湖的可怕而又真实的故事

1986年8月21日，这一天和往常一样，夜幕再次降临，在喀麦隆的下尼欧斯村子里，多数人都已经熟睡，没有听到尼欧斯湖传来的小的爆炸声。虽然有些人听到了，也都不以为然，他们根本就没有意识到整个村庄已经处于危险之中。

　　这种声音说明有一大片毒气云（约50米厚）已经从湖底释放出来，可怕的毒气正静悄悄地顺山谷而下。毒气共毒死了1700人，就在下尼欧斯一个村就有1200人失去了生命。据少数的幸存者回忆，他们眼睁睁地看着有的人在说话或者吃饭的时候就突然倒地死去。接着早晨又出现了惊恐的一幕：在下尼欧斯周围的田地中，到处是牛的尸体，惨不忍睹，因为8月21日是个集日。令人不解的是，尸体上方既没有苍蝇也没有秃鹰，因为所有的生灵都未能逃出杀人云雾的魔掌。

　　毒气来自尼欧斯湖，该湖形成于火山口之中，已经有几百年的历史了。火山不断地泄漏毒气，聚集在水下。毒气的主要成分是一氧化碳，是无味气体，所以很难被人们发现。就在这个8月的可怕的夜晚，湖内发生了某种变化，也许是大雨或是小型的地震搅动了湖水，使毒气浮出了水面，其原因还不很清楚。不管杀人云雾的形成原因是什么，其结果都是毁灭性的。在其前进的途中，如果没有被风或者雨驱散，就会毒死每一个生命。很多人逃离了家园，不敢再住在湖边。

　　非常遗憾，警告的迹象并不总是可信的，火山的活动期都不相同，剧烈的喷发可能发生在几分钟、几个月或是几年以后，而且还常常有假象，使你无法确定。有时尽管你特别注意寻找某些迹象，但可能还是什么都找不到。

死里逃生

如果火山真的发疯了，任何人都无计可施，只有一条路——逃跑，而且还得赶紧逃。如果你想和火山搏斗一番，胜利者常常是火山。是的，几乎总是这样的结果，有些人搏斗了……失败了，还有人在坚持战斗，战斗得非常艰苦。

每日环球

1902年5月12日　西印度群岛的马提尼克岛

火山爆发大逃亡中的囚犯

一个吓破胆的囚犯，在火山猛烈喷发后一周的这天举行庆祝会，庆祝他死里逃生的幸运。在与报社记者交谈中，这个叫作奥古斯特·西帕利斯的人告诉记者："我是这个世界上最幸运的人。"

囚犯自由了。

他的确非常幸运。5月9日这天早晨，他将被处死刑。当时他正在圣皮埃尔监狱服刑，死刑前的牢房如同地狱一般，日子很快就要过去了。说幸运是因为在繁华的圣皮埃尔城中，他是极少的两个幸存者之一。

此时，这个岛屿正在努力接受火山即将爆发这个残酷的现实，虽然皮利山已经休眠了几个世纪，但最近又开始骚动起来了。4月中旬，山坡上的一个糖厂被一次小的喷发破坏了。4月25日，一阵火山灰像死亡之雪一样降落在圣皮埃尔，把白昼染成了黑夜。但是当局仍然坚持说没有什么值得担心的。后来到了5月8日上午7点45分，沉睡的火山开始醒来了，这些惊人的场面都被弗纳·克勒克看得一清二楚。弗纳·克勒克就住在圣皮埃尔，是一个很结实的农民。看到这种情况，他用骆驼驮着全家人和财产离开了这座城。除了他

皮利山发疯了。

们，无一人离开。他们站在安全区内惊恐地看到火山突然爆发起来，喷出巨大的云团，上下翻滚着。

"那声音就如同万炮齐鸣，"克勒克告诉我们，"喷射出灼热的气体和岩石。"他接下来又描述说，地狱一样的烟云，夹杂着火山灰、岩石和火（科学术语上叫作火山碎屑流），沿着山坡以惊人的速度冲下来，"像是火焰形成的又红又热的风暴"，一路上吞噬着前进途中遇到的一切。

几秒钟后，它到达了圣皮埃尔，人们无路可逃。有些人被活活地憋死了，而有些人被活活地埋了起来，还有的人被活活地烧死了。全城30 000多人只有两个幸存者（除了西帕利斯，另一个人是藏在工作台下面而得救的）。后来可怕的云雾向大海滚去，把海水烧得咝咝作响，一片沸腾。到了海港，它把船只从岸边卷进了大海。

这场噩梦持续了7个小

废墟中的圣皮埃尔。

皮埃尔烧毁的废墟中发现了西帕利斯，他仍待在自己的牢房中，当时还在用微弱的声音喊着救命。也许他是唯一一个由火山带来幸运的人，他从此得到了自由——因为所有起诉他的人和执行死刑的人都不复存在了。

时，最后皮利山终于沉静了下来。人们四天后在圣

惊人的事实

　　矛头蛇是世界上最毒的一种蛇，常生活在美洲中部和南部的雨林中。如果它受到惊扰，会把毒牙刺进人体。但是如果它真想咬人，被咬的人马上就会死去。（当地人常去捉这种蛇，把它装在特制的吹筒式武器中射击敌人）说起来很令人不解，皮利山爆发时有50人被矛头蛇毒死，因为这些蛇只有受到喧闹惊扰时才会咬人。

牢房救了他的性命

　　皮利火山的剧烈喷发被认为是20世纪中最惨烈的火山灾难，但对于奥古斯特·西帕利斯却不然，他后来成了名人，像马戏团一样走遍了世界（他自称为陆加·西拉巴利斯，当然自有他的道理）。多亏了牢房厚厚的墙壁，他才得以逃生。很多年后，科学

家想到了一个很好的办法，他们按照西帕利斯牢房的样子设计出一种火山掩体，如果你也想自己做一个这样的掩体，下面的方法可以供你参考。

你需要的东西：

▶ 粗水泥管子，直径约2米

▶ 山坡（火山的）

操作如下：

1. 按图中所示，把水泥管子埋进山坡。

2. 在一端加一个门。

3. 贮藏好罐头食品、床上用品、图书、防毒面具、罐头起子等。

是哪一把钥匙来着？

4. 火山要喷发时，马上躲进来，就这么简单！

虽然你自认为已经非常安全，不会受到火山的伤害，但安全问题不会像你想得那么简单。你可能会认为坐上喷气飞机是最理想的办法，如果你这样想，就错了——

空中灾难

"各位女士们、先生们，早晨好，我是机长埃里克·穆迪，祝各位今晚都有一个好胃口。也许你们很有兴趣，虽然外面很黑，但只看一看窗外就能看到下面的灯光，那就是印度尼西亚的苏门答腊岛。我们现在正向爪哇方向飞行，飞行的高度为11 500米。飞行时间有好几个小时，所以请你们不要着急，你们可以看飞机上的电影。"

看起来一切都很正常。

这是1982年6月24日，英国航空公司的飞鸟9号上的场景。它的机型为波音747-200，从马来西亚飞往澳大利亚的珀斯，机上乘客为247人，机组人员16人。他们很快就要陷入一片慌乱。

机长穆迪刚要离座和一个旅客讲话，这时副驾驶员把他叫回到驾驶舱。原来驾驶舱前方出现了耀眼的闪电，很像焰火，这真是令人惊奇的一幕。

接着出现了一系列的异常情况，开始时第4号发动机失灵，这并没有什么稀奇的，因为还有3部发动机，所以全体机组人员并不紧张。可是不知什么原因发动机一个接着一个失灵了，一分钟内4部发动机全部停止了运转——不可能的事件发生了。

机长马上发出了求救信号。

"雅加达，雅加达，紧急呼救，紧急呼救！这是'飞鸟9号'在呼救，我们的发动机全部失灵，再讲一遍，发动机全部失灵！"

一个旅客首先发现了放映机开始冒烟，但未见到火光，知道危险来了。穆迪机长简短地宣布："女士们、先生们！出了一点儿小问题，我们的四部发动机都失灵了，机组人员正在全力抢修，希望各位不要紧张。"

烟雾越来越浓了，氧气罩自动落下。突然机舱内所有的灯全部熄灭了。此时，飞机在空中已经跌落了几千米。

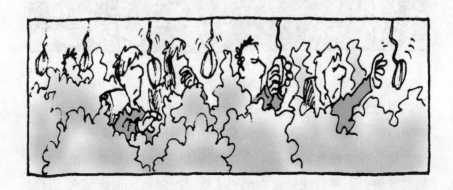

旅客们呆坐在漆黑的机舱中鸦雀无声，只能听到物体融化时发出的噼啪声。由于电力停止，空调也无法工作，再没有任何别的声音。大家都非常清楚死亡马上就要降临到每一个人的头上。

在这让人胆战的16分钟内，飞机不停地跌落，好像就要这样一直跌落下去了。当飞机降到4000米的高度时，突然一部发动机启动了，接下来又一部发动机启动了，最后的一分钟内第3部、第

4部发动机也都发动起来了，机器发出了巨大的轰鸣。轰鸣声不仅仅是发动机发出的，还有旅客们的欢呼声，很多人满面泪水，大家都如释重负。

最后，飞机平稳而又安全地落地了，感谢飞机驾驶员的娴熟技术，使得乘客们都平安无恙。

穆迪机长根本不知道，造成发动机关闭的真正原因正是爪哇上空加隆贡火山爆发喷出的烟云。飞机飞行中刚好穿过烟云，由于发动机吸入了大量的火山灰，所以全部停止了运转。

后来飞机飞行高度下降，气流吹走了烟灰，所以发动机就再次发动起来了。那么为什么机组人员没有看到烟云呢？首先这是夜间飞行，所以他们根本看不到，而且烟云在雷达上是看不到的。另外，尽管加隆贡已经断断续续地喷发了几个月，但没有人提示机组人员注意这种情况。

这可没什么大惊小怪的！从那以后，一切都好多了，飞行员都受训学习观察预兆，例如圣埃尔莫诺的大火，当时机组人员看到的很像焰火表演。火光来自烟云中的雷电，这是因为烟灰颗粒相互摩擦，带上很高的电荷的结果——另外还有硫黄，臭味刺鼻，闻起来就像臭鸡蛋。但是，此时不应该采取一挡加速来震掉发动机上的烟灰或二挡加速向上飞行摆脱云雾（由于烟云上升的高度大于飞机所能上升的高度，所以这是不可能的），他们受令一挡减速（这样可以降低发动机内的温度，使烟灰不会被融化，也就不会粘到发动机上了），再做二挡转弯，这样便可离开云团。

　　与此同时，尽量早些返回地面。

阻止熔岩流

　　请你想象这样一幅画面……熔岩向你迎面扑来，你的家园受到威胁，你所有的光盘，还有价值连城的集邮本都将要化为烟雾。这时你需要马上行动起来，可你该怎么办呢？有没有一种方法可以阻止熔岩流呢？或者把它分流，使其避开你的家园呢？下面介绍几种试验或是检验过的方法，可是有效吗？那就得请你自己挑选出最理想的方法，然后与第103～104页上的答案核对一下。

　　1. 横切熔岩流建起一条堤坝。人们一直努力用墙或隔层的方法分流熔岩流。熔岩在墙的一侧越积越高，然后慢慢地从墙的上面向下滑落。

2. 使用铲子对付熔岩流。1669年，在埃特纳火山爆发时，工人们用镐头和铲子挖出壕沟，想以此阻滞熔岩流，保卫自己的城镇。

请带上这个！

3. 用炸弹轰炸。有时熔岩表面冷却并结成了硬皮，而下面仍在快速地流淌着，所以抓紧时间向上面扔炸弹。人们认为炸弹炸开熔岩的硬皮，可以促进熔岩与固体岩石块的凝集，以降低熔岩的流速。这样还会使熔岩从侧面喷出来，就会降低流动的力量。这是多少人的希望啊！

4. 用软水管喷水。用软水管向熔岩的方向喷水，这样就会使岩石变冷、变硬，使其保持在正常的路线中，或者使其改变流程。

1973年1月，在韦斯特曼纳岛的一个主要城镇的边上，赫马岛（属于冰岛）的居民们惊恐地看到一个巨大的裂缝，足有2千米长。几天后，地球下面的热量越积越多，使原本一片宁静的草地上升了200米高，变成了火山。浓密的火山灰像雨一样降落在这个城镇，目光所触之处都是一片火海。但是更危险的是熔岩形成了洪流，慢慢地却又稳步地流向港口。如果失去了港口，这里的捕鱼业就不会存在……也不会有赫马岛的存在。大部分居民为了自身安全早已离开了这里，可还有一群人没有离开，决心与熔岩搏斗一番。他们到底想用什么办法哄骗熔岩离开这里呢？日子一天一天地过去了，一周一周地过去了，时间过得飞快，一天，有一个人灵机一动，他们应该建起一个救火水车系统，利用几百万吨的海水制伏熔岩。

5. 分流熔岩流。埃特纳火山在1991年到1993年间爆发，勇敢的科学家们在熔岩流附近挖出一个新的河道。他们用炸药阻断熔岩的道路。他们认为，炸药将会使熔岩流入土质的河道中。

6. 供奉祭品。如果什么办法都不灵，你应该试着做祈祷，或者送上祭品。这种做法在夏威夷已经持续很多年了。人们相信，基拉韦厄就是比丽女神的家，她住在火山口。你可以看到她呼出的蒸气。她愤怒时会顿足，于是便引起了火山的爆发。（她的坏脾气非常明显，基拉韦厄一爆发就无法阻止）她还会拿出沸腾的熔岩河作为武器，杀死敌人。为了使比丽女神高兴（或让她安静），人们向火山口投下祭品，这些祭品会有很好的效果吗？

那么，什么方法有效？

1. 这个方法虽然不是那么可靠，但也不算坏。有时这种方法也会奏效，但很有可能会在坝的中间裂开。1983年，埃特纳火山爆发时，那里的坝就裂开了，但是四层隔层（都是用火山岩和火山灰做成的）足以分流熔岩，起到了保护重要建筑物的作用。

2. 如果你想和邻居和睦相处，这也算是个不坏的办法。1669年火山爆发时，这个做法挽救了一个城镇，但同时也加大了其他城镇的危险。所以，这个做法引起了无休止的争论，于是需要通过一系列的皇家法令要求所有的人不要弄熔岩，否则法不留情！

3. 这种办法已经在夏威夷用过几次了，可以说是一种比较好的办法。1935年，人们轰炸了从冒纳罗亚火山上流下的熔岩流，熔岩流被炸开了，也被熔岩块阻塞了。但是科学家们说不清楚是否是轰炸的效果，因为这时火山的爆发已经停止。1942年，人们在比丽山也采取了同一种方法，但是当地人非常不放心，他们认为爆炸可能会激怒比丽女神，人们认为只有比丽女神才可能阻止熔岩的流淌。

4. 这个方法不错，但是需要花几周或更多的时间。到头来人们终于松了一口气（但还是百思不得其解），这项冒险工程真的有效了！复活节这天，熔岩改道了，熔岩的前方冷却并硬化，使得后面的岩石改变了方向。这不仅挽救了海港，而且使海港变得更好。熔岩使海港口岸加长了很多，更加有助于抵抗海浪的冲击。人们又建起了城镇，岛民们又能重返家园了。这是个圆满的结局吗？至少在火山下次喷发前……

5. 这个方法实际上不能阻止熔岩流，但是分流的确挽救了扎弗恩这个村庄，熔岩流开始时是流向这个村子的。

6. 这些方法都有人用过——可都有用吗？噢，白兰地非常有效。1881年冒纳罗亚火山（比丽管辖的另一个火山）爆发时，熔岩威胁着附近的城市。国王的孙女被邀完成这一任务，女孩非常勇敢，她用镇定的脚步径直走向熔岩，将一瓶白兰地洒过去。第二天，火山停止了喷发。至于猪嘛，则是有些情敌的味道。据说比丽快要和坎马普瓦结婚了，可他是个猪人，她对他说，他太丑了。于是猪人用烟雾和雨水熄灭她的火。争吵无尽无休，最后惹得很多神灵都参与进来，争取在整个岛还没有彻底变成黑夜前结束这场争论。

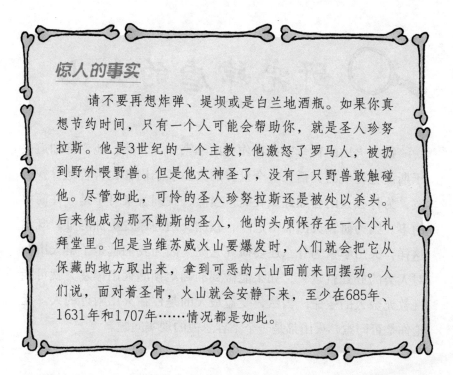

惊人的事实

请不要再想炸弹、堤坝或是白兰地酒瓶。如果你真想节约时间，只有一个人可能会帮助你，就是圣人珍努拉斯。他是3世纪的一个主教，他激怒了罗马人，被扔到野外喂野兽。但是他太神圣了，没有一只野兽敢触碰他。尽管如此，可怜的圣人珍努拉斯还是被处以杀头。后来他成为那不勒斯的圣人，他的头颅保存在一个小礼拜堂里。但是当维苏威火山要爆发时，人们就会把它从保藏的地方取出来，拿到可恶的大山面前来回摆动。人们说，面对着圣骨，火山就会安静下来，至少在685年、1631年和1707年……情况都是如此。

你做对了几道题？不少于4道！啊，你对火山的了解几乎与科学家一样，如果超过了4道，你就会成为一个优秀的火山学家，当然你不会知道得那么多。火山学这门学科可不是身穿白大褂、研究试管的工作，而是活生生的、吓得人魂飞魄散的科学……

研究肆虐的火山

研究火山的科学家被称作火山学家。（当然，他们都知道关于斯波克先生的笑话！）全世界的火山学家们都在苦苦地寻找答案，为什么火山会如此疯狂呢？当然，找到答案可不是一件简单的事。因为研究火山非常危险，预测火山的爆发更加困难。既然这样，火山学家为什么还要研究它呢？因为我们越是了解火山，对人类的好处就越大，如果能做到准确地预测火山爆发，就可能挽救无数人的生命。当然，受益最大的是住在火山附近的人。无论你是否同意，火山都是一个不容忽视的现实问题。

你能成为一个小小火山学家吗？

回答下面的问题，看看你是否具备成为一个小火山学家的条件。

1. 你是否有不怕爬高的胆量？　　　　　　　　　　　　　是 / 不是
2. 你是否非常健康并且健壮？　　　　　　　　　　　　　是 / 不是
3. 你是否热衷于摄影？　　　　　　　　　　　　　　　　是 / 不是
4. 你戴上防毒面具样子好看吗？　　　　　　　　　　　　是 / 不是

能不能把它做成绿色的，好和我眼睛的颜色相配？

5. 你会根据树的年轮识别火山爆发的日期吗？　　　　　　是 / 不是

6. 你了解岩石吗？　　　　　　　　　　　　　　是 / 不是

7. 你喜欢旅游吗？　　　　　　　　　　　　　　是 / 不是

8. 你的拼写能力好吗？　　　　　　　　　　　　是 / 不是

9. 你喜欢在不该工作的时候工作吗？　　　　　　是 / 不是

10. 你是否会发疯？　　　　　　　　　　　　　　是 / 不是

现在来看看你的成绩如何？

8～10个"是"：了不起！如果你想做这件事，你就会干成。你可以看看105页，看看去火山时该穿什么。

5～7个"是"：也算不错，也许你应该做些不那么惊人的事情。

4个"是"或更少：算了吧！火山学不适合你，做点别的事情吧，比如说当老师等！

答案

1. 你需要这样的胆量——有些火山简直高入云天。要到达世界最高活火山的山顶需要走很长的路——智利的瓜亚蒂里高度是6060米，上一次爆发发生在1987年。

2. 你需要这方面的条件——研究火山的人在很多情况下都需要攀登，而且还要随身携带非常沉重的设备，或者携带那些沉重的岩石，这些都需要有很结实的肌肉，如果你弱不禁风，就无法

完成这样沉重的任务。

3. 这个条件虽然没有前两项那么重要，但你以后可以拿着照片炫耀自己。

4. 无论喜欢不喜欢，你都得戴防毒面具。火山喷出大量烟灰，毒性非常强，而你的大部分工作恰恰需要收集这些气体。

5. 看一眼年轮就能推算出日期是火山学家需要的本领。研究火山的一个方法就是找到过去的火山。研究过去的火山，能帮助你找到未来火山的线索。其中一种方法是观察火山周围树的年轮。每年，树都长一圈年轮，年轮通常很规整，呈正圆形。但是受到火山灰的作用后，年轮的生长会受到阻滞，年轮就会变得很薄、很不结实。

6. 如果你分不清玄武岩和家里的浴盐，你就不要研究火山了。每个火山学家都知道玄武岩是在熔岩冷却后形成的；而浴盐是洗澡时加在水中的东西，目的在于除去你的体臭（至少你希望如此）。

7. 喜欢旅游对你成为火山学家有点儿作用。因为说不定你要到什么地方去实地研究，可能是冰冷的南极，也可能是炎热的夏威夷。

8. 这同样也很有用。火山学中的有些词语非常难写，例如岩浆蒸汽式的（phreatomagmatic）喷发就比较难。别太着急！对你我来说，词义就是一般气体和蒸气的喷发，里面还时常夹杂着大量的岩浆。

9. 因为无法知道下一次火山在什么时候或什么地方爆发，所以一个好的火山学家都应做好随时出发的准备。

10. 这不必要，但也是有用的。总之，你为什么会冒着危险要干这种工作呢？有时可能会被炸飞、烧成碎片或是被推到喜怒无常的火神面前，任他宰割。

着装

　　如果你想当一个小小的火山学家，就需要好的着装。当然，对火山学家来说，安全要比外表漂亮更重要！你看，这个业余火山学家的穿着够不够时髦？

防毒面具：可以阻挡尘埃和有害的烟雾。如果没有防毒面具，你可能会在几分钟之内窒息。

保暖的衣服：高山上气候的变化非常大，衣服最好是多层的。

锅炉工式的服装：宽松、舒适（长裤可以防止灼热的烟灰落入你的鞋里）。

金属套装：这是外表涂有铝的保护性套装，可以反射熔岩的大部分热量。

结实的鞋：冷却的熔岩如尖玻璃般锋利（带几双备用的）。

硬帽子：防止烟灰中的硬石头。

巴拉克熔岩：不导热，而且名字非常好听。

石棉手套：防止手被熔岩烧伤、划破。

帆布背包：用以盛放岩石、锤子（还有三明治面包）。

锤子：用来敲击岩石。

袜子：厚厚的、结实的（不能穿着懒汉袜子）。

105

火山学家到底都在干什么?

如果火山学家带上了工具箱,那他就是要出发了,他马上就要向另一座火山进发,和其他火山学家一起展开研究。他们工作的根据地设在附近的观测台。他们有些像侦探,又像医生,所不同的是病人太大了,所以大家都在一个病人身上忙碌。通过多年的工作,如测量、监视、试探和度量每个不同大小的裂隙,他对火山的了解越来越多了。

关于火山的健康指南

1. 寻找有关继往病史

很明显,火山学家面对的这个病人不会说话,但它可以通过其他方式向你表达。我需要找出过去喷发的熔岩,并确定出它的时间。通过这一点,我可以确定出火山未来可能的活动情况。我还可以从树的年轮中得到线索。

2. 全面检查病人

我可以为火山诊脉,但比为一般病人诊脉要复杂得多。

下面大略地说一说具体的过程……

（a）取几个火山气体样品，火山在未喷发前会放出很多气体。

（b）测定它的温度，要特别注意手指头，熔岩的温度可高达1000℃。

（c）寻找有无突起或肿块，这些都是岩浆正在升起的迹象。

（d）倾听有无隆隆的响声，这是地震的预兆。

（e）取熔岩和岩石的样品。我可以通过它的年龄、类型和质地了解很多东西。

3. 做出诊断

根据上述这些方面的信息，我可以推断出火山的正常状态，然后就会注意到火山的异常情况。

4. 寻找治疗方法

啊，是的，这的确有些难。到目前为止，还没有一个人找到有效的方案治疗熔岩到处流淌这个不良习惯。无论诊断多么正确，都不能阻止火山的喷发。人们所能做的，只是警告住在火山附近的人们，叫他们离开……要飞快地离开！

快跑！

了不起的设备

如果你的病人是火山，听诊器就没什么用了。但有一些设备让你一听就印象深刻，而且能起到很大作用。

1. 卫星。它比你家旁边那个聚焦到天线上的设备大得多，能够监视火山在地表上的运动，它可以探测出仅仅有几厘米上升的突起。它还可以绘制出熔岩流图、泥浆流图、火山灰云图和二氧化硫云图。

2. 计算机。将计算机与卫星联网，就可以画出预测火山爆发的危险图，例如火山爆发时熔岩可能流淌的路线。1992—1993年，计算机已经用于预测埃特纳火山实际流域图。火山学家阻止不了熔岩流，但是如果有足够的时间，他们会建起堤坝，把熔岩挡回去。

3. 倾斜计。样子很像一个长长的、里面注满水的管子，用来测定地平面的倾斜运动，精确度可达到百分之一毫米。

4. 激光束。与倾斜计的作用基本相同，但是工作原理是电子的。

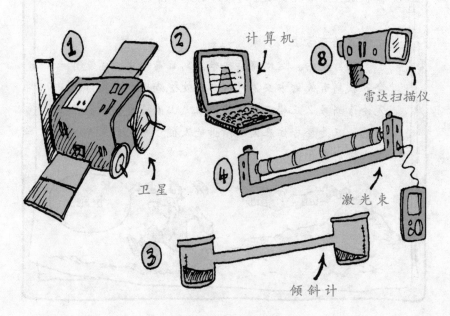

计算机

雷达扫描仪

卫星

激光束

倾斜计

5. 地震仪。可以监测地震，探测来自地球深部的震动波。

6. 机器人丹特Ⅱ号。这个小家伙善于采集气体样品，测定温度，还配带有摄像机，我们便可以看到正发生的情况，特别是在火山专家不敢进入的地区。丹特Ⅱ号开始设计的目的是探索其他星球，但在地球上非常有用，所以它从未离开过地球，还能减少我们生活中的困难。

7. 高温仪。这是用于测量熔岩的温度计，你可在安全的范围内从远处测定温度，当然还可以使用电子温度表测定温度。

8. 雷达扫描仪。是手持式的，起初是用来监测开飞车的人，现在火山学家用它来测定熔岩的速度。

9. 气体采样器。像一个塑料瓶子，瓶塞的孔上插着一根管子。火山喷发时，每天可以放出100 000吨的二氧化硫气体。（你还可以在衣袋里装上一个备用管！）

10. 挑杆。为长长的金属杆，用来收集液态的熔岩。使用时把它插入熔岩中，左右摇动一下，然后再拉出来。

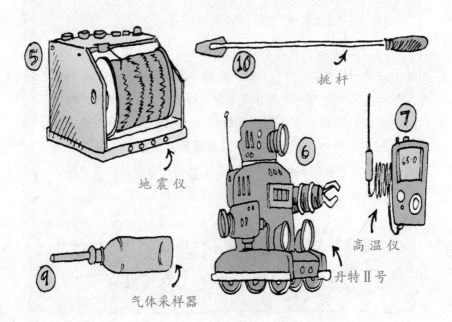

地震仪

挑杆

丹特Ⅱ号

高温仪

气体采样器

自己做一个火山

如果你居住的地区没有火山，而且也没有机会看到真正的火山，你为什么不自己造一个呢？电影《丹特的山峰》在拍摄中，就造了一个假火山。这个电影是围绕美国喀斯喀特山脉中的一个活火山（电影中表现得非常真实）展开的。这座火山随时都可能爆发，为了做好这个主要角色，电影制作人员利用木料和钢铁建造了一个高10米的火山模型。每当需要有关火山的镜头时，工作人员就把它从轨道上推入到摄影棚中，再与计算机创造的烟雾、火山灰，以及熔岩的效果相配合。

妈妈，这是地理课的家庭作业……

什么？

惊人的事实

1996年，意大利的火山学家们引爆了维苏威火山。故意引爆的？！为什么？一个科学家告诉我们："我们想知道，如果有一天维苏威火山真的醒来时会引起什么样的后果。"他们在奇形怪状的山顶上挖了14个洞，然后放入大量的炸药，最后从停在海港的一艘船上引爆，轰隆隆！轰隆隆！科学家开始记录剧烈的冲击波，以便分析火山爆发中的一些奥秘。真有些莫名其妙！

加莱拉斯的悲剧

火山和人有很多相同的地方，就是当你自认为已经非常了解火山的时候，它可能就会做出一件出乎意料的事情。

发疯的火山更是难以预测，你刚好认为它要熄灭了，可它就当着你的面爆发了。每年火山都要杀死一些研究它的火山学家，没有任何警告，突然爆发。研究火山的工作危险性很大。看看加莱拉斯的悲剧，你就知道了。

加莱拉斯是火山研究中的重要对象，一组科学家正在注视着它的活动情况，小组组长是美国科学家斯坦·威廉斯教授。他已经多次带领小组到火山口内采集样品，现在看来一切都很正常。这座火山虽然活跃，但最近6个月以来没有任何活动的迹象。所以人们认为它很安全，或者说还不那么危险。然而，就在1993年1月14日，地下开始轰鸣并震动起来，还没等研究小组逃出险境，加莱拉斯就剧烈地爆发起来。一点儿警告也没有，哥伦比亚的加莱拉斯火山翻脸变成了杀人山，让人措手不及。威廉斯教授拼命地逃跑，他在大如电视机的岩石雨中奔逃。没跑多远，一块飞石就落在了他的头部和腮部，另一块砸断了他的双腿，衣服和背包也起火了。但他仍艰难而缓慢地、一寸一寸地向一个巨石后面爬去，把自己隐藏在巨石的后面。15分钟过后，喷发突然停止了，和爆发一样的突然。又过了2个小时，有人找到了威廉斯教授。当时，他已经成了半死的人，人们赶紧把他拖到安全的地方。尽管伤势严重，但他还是个幸运者，另外有3位同事幸存下来，其他6位同事和3位观光者都在火山突然而残酷的喷射中遇难了。

威廉斯教授接受了几个月的手术治疗，最终还是恢复了健康……又能亲临加莱拉斯火山口了。

有关加莱拉斯的一些惊人的事实

1. 加莱拉斯高度为4270米，距帕斯托城（哥伦比亚西南部城市）只有6千米之遥，这个城市住着300 000人。

2. 如果火山爆发，城里的居民就会受到严重的威胁，正是出于这样的原因，加莱拉斯被选为全世界15个主要火山之一，人们需要对它进行密切监视。

3. 过去加莱拉斯一直处于休眠状态，但在1988年突然爆发了，现在我们已经把它列为活跃期的火山。

4. 从那以后，火山学家对加莱拉斯保持严密监视，现已建起了一个观测台，安装了新的设备。如果火山再次喷发，科学家们会尽早拉响警报，帕斯托城的人们就会及时做好准备。

5. 火山爆发前已经发生了几次小的地震，这些都没有引起人们的注意，火山坡两侧上面放置的倾斜计没有表现出任何变化。喷气孔的温度不但没有升高反而下降了，而且火山只喷出很少的气体。更多的证据表明不可能发生可怕的事情，但是与火山相处，你永远都说不准它……

6. 我们付出了生命的代价换来了一个教训，当时小组中只有一人穿着防护服，防护服真的救了他的性命。从此以后，火山学

家随时都要做好充分的准备。

7. 悲剧中致死的火山学家们当时正在进行一项国际合作研究，调查岩石和其他一些过去喷发的残渣，他们把自己献身给了火山工作，付出了巨大的代价。

救人性命

如果没有火山学家冒着生命危险工作，火山给人类带来的危害可能就会更严重，研究火山的目的就是救人性命。科学家对火山了解得越多，就能越早地向人们发出警告。如果他们推测出火山快要醒来，就会发出撤离的命令，是快速的撤离。任何拖延都会造成巨大的伤亡。这听起来很明白，但是事实则不然，有些人不听科学家的警告。

错误的警告

接下来还有警告是否准确的问题。虽然有现代化的技术，科学家们却不能总是准确无误，有时也会出现错误的警告，但是安全第一，麻烦第二，科学家们这样告诫我们。

惊人的事实

　　科学家们观察了日本的樱岛（另一个主要的火山），在它的山坡上挖了一条隧道，足有200米长。隧道的一端安放了测量樱岛火山活动的设备（活火山随着内部压力的增加会缩小或增大）。其中有些设备非常敏感，能测定出岩石非常小的变化，甚至当人走过隧道时引起的岩石变化都能察觉出来！了不起吧？经过多年的研究，科学家们已经能够向当地百姓及时预告火山的情况，可以精确到火山爆发前的20秒钟！

您还有20秒钟来收拾细软，向房子道别，把剩牛奶倒掉、告诉猫咪快逃命，然后快跑到安全区……谢谢！

出现误差

　　事情常常和我们预想的不完全一样。1985年，哥伦比亚的内瓦多—伊鲁斯爆发了，致命的火山泥流把附近的阿尔梅罗小城几乎全部破坏。40米高的大浪推过来时，阿尔梅罗被一扫而光，死亡人数达到25 000人，还有10 000人无家可归。虽说这次火山爆发的强度不及圣海伦斯山的1/10，但是从死亡人数来看，可以称得上是本世纪一次最惨重的灾难，仅次于比丽山的爆发（比丽山爆发时，死亡人数为29 000人）。

　　实际上这个悲剧本不应这样惨重，科学家们已经向政府官员警告过可能出现的问题，但官员不以为然。他们认为不应该为可能是假的警告冒险。结果火山于11月13日下午3点钟爆发了。到了晚上，虽然他们开了紧急会议，但是也没有拿出一个撤离人员的方案。等到拿出方案，一切都已经来不及了。晚上9点钟，内瓦多—伊鲁斯开始喷射出碎屑流，融化了山顶的冰盖，致命的火山泥石流夹杂着水和火山灰以每小时40千米的速度直冲向山下。两个小时后，泥石流到达了阿尔梅罗，人们已经来不及逃离了。

准确无误

　　准确无误能把事情做得锦上添花。1991年菲律宾的皮纳图博火山剧烈爆发，是科学技术拯救了数以千计的生命。这场20世纪最猛烈的一次大喷发如同晴天霹雳，来势突然，人们甚至没有听到火山发出一点声音。火山灰、泥石流和火山碎屑流吞噬了附近的农村地区，火山附近居住的数千人中有一千多人死亡，有一百多人无家可归或丧失生活条件。尽管如此，事情可能还会更严重，而且非常严重。科学家们的反应非常迅速，当他们看到第一个迹象时，命令山峰周围10千米内的居民马上撤离。然后他们利用手提地震仪网络，夜以继日地监视着火山的变化。人们很快绘制出危险图，标记出可能有危险的地区。这一次，当地官员和公众听从了科学家的警告，相信了皮纳图博火山快要喷发的说法。有关部门播出了电视节目，简单明了地解释各种危险，省去了烦琐的科学术语。电视宣传挽救了上千人的生命——至少人们知道该怎样做，这一点就足够了，因为他们真的活了下来。6月12日，撤离区的范围达到了30千米，有35 000人被迫离开了家园，时间刚好来得及。3天后，6月15日早晨6点钟，皮纳图博火山裂开大口子，喷发出的云雾高达12千米，如同裙子一样向火山四周伸展开来。火山碎屑流向山下蜿蜒达16千米之长；火山泥石流喷向四方，覆盖了广大的乡村。这里至少说明火山的"医生们"准确地摸到了它的脉搏。

尽管如此，我们还不能把功劳全归到科学家身上。因为第一个知道火山就要爆发的科学家是受到一个过路修女的启发。一位修女走进了菲律宾火山学研究所，说明火山就要爆发的情况，科学家都被惊呆了！事实证明，她是对的！

> 顺便告诉你们，火山冒烟了。

今天，预测火山比较容易了，但是预测火山还不属于精密科学。桀骜不驯的火山非常神秘，千变万化，这都是科学家们最头痛的事情。火山要爆发吗？或者又不爆发了？他们是否要通知政府疏散当地居民？或者不疏散？如果火山把大家骗了该怎么办？而且还有很多很多恼人的问题，就算你能预测出爆发，也无法阻止它，可以说是无计可施。

并非十分肆虐的火山

无论你喜欢不喜欢火山，它都躺在那儿，我们必须学会和它们共处。每个人、每件事都会有优点，火山也是如此，它的确有很大的价值。就算这样，你也不会希望自己家的后花园就有一座火山（像可怜的普利多农夫或帕里库廷一样）。

做烤面包?　　　　烤一烤拖鞋?　　　　煮鸡蛋?

如果没有火山，你就没法做下面这些事。

1. 烦人的海洋。不管你相信不相信，地球上的海洋是因为有了火山才形成的。让我们一起回到46亿年前，看看那时地球的情况，你就会明白这个道理了。那时崭新的地球上到处都是活火山，这些火山和现在大不一样，它们从不入睡。随着它们的喷发，喷出了水蒸气和蒸气样的气体。这些气体冷却下来形成暴雨云，上面积满了雨水，当它们落到地面就形成了海洋，变化非常迅速！水还可以从地下喷出来。但是当时的海洋不如我们今天的海洋那样咸，而且非常的热、非常的酸，里面有大量的有害化学物质，更不是节假日的好去处。

117

2. 可怕的大气层。早期的地球没有大气层。然而不断喷发的火山改变了这一切，几百万年的变化中，火山喷出气体——大都是水蒸气、无色的二氧化碳和臭臭的二氧化硫。

当时的大气层与今天的也不相同。首先，这种气体不能供人呼吸，因为里面没有氧气（等到后来植物出现以后，植物制造并开始释放氧气，这是另外一回事了）。但有大气层总比没有大气层好。

3. 生命。火山对你的生命很重要。当然，不是说火山创造了生命，但是它为生命创造了必需条件。人们认为生命始于早期的海洋。第一个生命就是非常小的细菌，距现在已经有32亿年了。我们是怎样知道的呢？科学家们在古代化石中找到了它们。因为它们不需要氧气就能生存（当时也没有氧气，所以没有也可以），所以能够从海洋中吸取化学物质，特别是来自于火山的氮和硫。一位专门研究奇特野生生命的德国科学家认为，这些生物的子孙还活在世界上，它们就在海底火山泉水和火山口的周围，在油罐、硫黄泉和垃圾堆中生机勃勃地活着。虽然那里非常热、有蒸气并且气味不好，但这些生物却非常适应！

4. 魔鬼山。地球上有些大的山脉就是火山形成的。例如，位于南美洲的西海岸的安第斯山，是世界上最长的山脉，绵延7000

千米。此处正是两个板块的交接处，太平洋板块被挤到了南美洲板块的下面。随着板块的插入，下面的板块变得非常热并开始融化。融化的岩浆浮到上层板块的上面，便引起了火山的爆发。

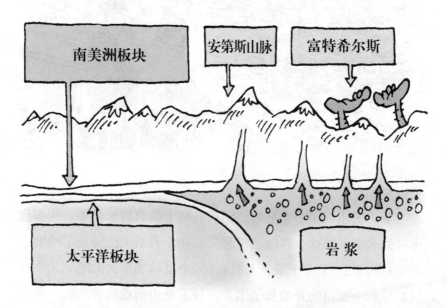

5. 火焰岛。很多岛屿实际上都是火山——如冰岛、夏威夷、特里斯坦—达库尼亚岛和巨大的加拉帕戈斯等，举不胜举。水下有数不清的火山，高度不低于1000米。这些岛就是水下火山的山顶，山顶已经长出了水面。熔岩悄悄地从地壳缝隙中渗出，经过几百万年的时间形成了这些岛屿。今天，它们仍在生长，请看下面的故事……

瑟采，祝你生日快乐！

过去，从来没有人看见过火山岛生长，但到了1963年11月的一天清晨，冰岛海岸上的一些渔民遇到了他们一生中最令人惊讶的事情。他们眼睁睁地看见海面开始冒烟、冒出蒸气、发出咝咝声，就像烧开的水壶。渔民们以为可能是船起火了，等到跟前一看，才发现是海水自己沸腾了。一个活生生的火山就

要降生了！

第二天出现了一个岛屿，附近岛屿上的百姓惊呆了，用古代火神的名字，给这个岛起名叫瑟采。18个月后火山停止了喷发，瑟采长到了2.5平方千米，大概有100个足球场那么大吧。几个月以后，第一批植物开始长了出来，种子是由鸟或风带来的。没过多久，出现了更多的种子，更多的鸟。4年以后，瑟采已经从一个光秃秃、黑糊糊的荒岛变成了生机盎然的小岛了。在太平洋下面有一个热点，距夏威夷不远。在这个点上，一个全新的未来的岛屿正在水下生长，岛的名字是洛西。这个岛已经有2700米高了，距海面还有1000米。夏威夷实际上是一系列的火山，有些沉到波浪滚滚的海面以下。而洛西很快就会成为这个家族中最年轻的成员（年龄在100万年到8000万年之间）。科学家们对此兴奋不已，密切关注着洛西的变化，在它下面安上了摄像机，派去了潜水艇。他们早就等不及了。人们至少还得等60 000年才能看到洛西将它那喷着火花的脑袋露出波涛滚滚的海面。这只是夏威夷一个小小的侧面，在这里的海浪下面还潜伏着另外一些情况。

6. 坍塌的珊瑚礁。这是一种较小的环形岛屿，常见于温带或

120

热带地区，珊瑚围绕着蓝色的礁湖，非常美丽！但它们与火山有什么关系呢？

a 火山岛从海底长出……

b 在火山岛周围形成了珊瑚礁……

c 后来，火山慢慢地下降

d ……最后留下了珊瑚礁。

　　第一个把这个问题弄清楚的人是一位了不起的英国科学家，叫查理斯·达尔文（1809—1892）。达尔文认为珊瑚礁的形成与火山有关，在当时这只是一个猜测。100多年过去后，在太平洋的比基尼环礁上有个科学家小组正在进行原子弹的研究。他们在环礁上钻了很多的小洞，结果发现珊瑚的确位于火山的上面，这证明达尔文是正确的。

……所以我才说，珊瑚就在上面，而他们说，你能确定吗？所以我说……

呵——欠！

7. 著名的地标。地球上很多地标都是火山。比如，北爱尔兰的巨人山考斯韦，这个火山是由数以百计的、巨大的、六角形玄武岩形成的团块和柱体构成的，这些团块和柱体是在几百万年前火山冷却时形成的（今天爱尔兰没有火山）。这些东西之所以被称为考斯韦（注：英文causeway，即高于路面的人行横道），是因为它们的外表非常像砌台阶的石头，这样的石头沿着海岸排列达13千米。传说中认为这曾是巨人访问苏格兰时的道路。

将来的火山爆发会更剧烈吗？

长期以来，火山一直都在蠢蠢欲动，既然火山不会自己消退。那么将来到底会怎样呢？

火山贵宾

目前，全世界共有550个陆地活火山，其中，需要认真监测的有300多个，科学家们正在密切注视着的有100多个，还有15个火山必须单列出来，需要特殊对待。它们是世界上最薄弱的高峰、最急需要了解的地方。你可能听说过几位……

今天的人们还没体会过真正大面积的火山爆发。距我们最近的一次VEI8级火山爆发发生在75 000年以前，地理学家们认为每隔100 000年就会有两次VEI8的火山爆发，照这样的话，下一个大面积爆发很快就会发生。这下可把大家吓坏了。因为，真正大型的爆发产生的烟灰会连续多年把太阳遮住。如果没有太阳，地球就不会有植物的生长，也就不会有食物，这种情景非常可怕。那么我们是否应该担心？

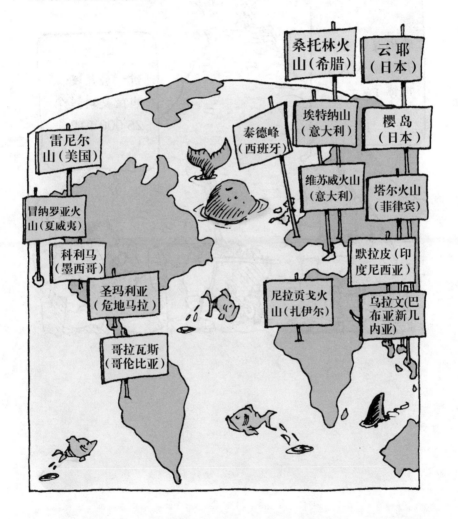

123

当然，也有的科学家说大型的爆发已经过去了，爆发只能是很轻微的。我们真是身不由己呀！如果真的发生了巨大的火山爆发，我们该怎么办？在你还没有来得及建筑火山掩体前，请你不要忘记——"不久"这个词对于科学家们来说可能就是今天、明天，或者是下一周，也可能是25 000年以后……

"经典科学"系列（26册）

肚子里的恶心事儿
丑陋的虫子
显微镜下的怪物
动物惊奇
植物的咒语
臭屁的大脑
神奇的肢体碎片
身体使用手册
杀人疾病全记录
进化之谜
时间揭秘
触电惊魂
力的惊险故事
声音的魔力
神秘莫测的光
能量怪物
化学也疯狂
受苦受难的科学家
改变世界的科学实验
魔鬼头脑训练营
"末日"来临
鏖战飞行
目瞪口呆话发明
动物的狩猎绝招
恐怖的实验
致命毒药

"经典数学"系列（12册）

要命的数学
特别要命的数学
绝望的分数
你真的会＋－×÷吗
数字——破解万物的钥匙
逃不出的怪圈——圆和其他图形
寻找你的幸运星——概率的秘密
测来测去——长度、面积和体积
数学头脑训练营
玩转几何
代数任我行
超级公式

"科学新知"系列（17册）

破案术大全
墓室里的秘密
密码全攻略
外星人的疯狂旅行
魔术全揭秘
超级建筑
超能电脑
电影特技魔法秀
街上流行机器人
美妙的电影
我为音乐狂
巧克力秘闻
神奇的互联网
太空旅行记
消逝的恐龙
艺术家的魔法秀
不为人知的奥运故事

"自然探秘"系列（12册）

惊险南北极
地震了！快跑！
发威的火山
愤怒的河流
绝顶探险
杀人风暴
死亡沙漠
无情的海洋
雨林深处
勇敢者大冒险
鬼怪之湖
荒野之岛

"体验课堂"系列（4册）

体验丛林
体验沙漠
体验鲨鱼
体验宇宙

"中国特辑"系列（1册）

谁来拯救地球